「十二五」职业教育国家规划立项教材

国学教养教育丛书 立体化教材

丛书主编 宋婕

茶艺理论与实践

主　编　朱自励

副主编　黄淦湖　王奕芬

中国人民大学出版社

·北京·

国学教养教育丛书编委会

总　序

　　21世纪以来，人们开始倡导"素质教育"。但是，"素质教育"也可以被理解为知识性的，如果是"知识教育"，那么近代至今并不缺少，何需重提呢？因之，倒不如以"教养教育"取代"素质教育"，更能应合现代社会的急迫需要。

　　现代社会面对的主要问题，毫无疑问是过度张狂的利欲追求问题。这种过度张狂的、毫不掩饰的利欲追求，其思想渊源可以追溯到西方近代像霍布斯、洛克等一批人物的理论构造。西方近代的这些思想家们，以"自然状态"为口号把人从神的禁制下解放出来，以"每个个人"为口实把个人从等级统治中解救出来；由之，在"自然状态"下"每个个人"的共同性，便得以而且亦只可以归结为"好利恶害"、"趋乐避苦"等一些功利性的追求。如果说，近代思想家们在与中世纪被视为"黑暗时代"的抗争中自有其进步意义，那么，在它以每个个人利欲追求为中心打开的俗世化路向越往现代走来，便越显得肆无忌惮与不择手段。每个个人再也无所畏惧；个人与他人，个人与社会，种族与种族，国家与国家，为获取最大利益而不得不处于无休止的对抗中。人类为自身的利益毫无节制地掠夺自然，同时也使人与自然的关系陷于日益紧张的状态。

　　难道这就是"人"？这就是人类的"理想"？人就只能生存于永无终了的利欲争夺，备受由争夺带来的喜怒哀乐的折磨？庄子在所作的《齐物论》中曾经叹息："一受其成形，不忘以待尽。与物相刃相靡，其行尽如驰，而莫之能止，不亦悲乎！"难道这是人愿意选择的生存处境吗？

　　面对现代社会人类生存的这种困境，若要从中"出走"，毫无疑问需要重新回到"人是什么"、"如何才能成为人"这些基本问题。这正是"教养教育"回应的问题。"教养教育"的宗旨，就在于要把人塑造成有超越功利的价值理想、对人类与自然世界有责任担当、有精神气质与心性涵养的一类人。

而在"教养教育"的实施方面，中国古典文化能够提供极其丰富的思想资源。中国上古社会，殷商时期还是以自然血统纽带建构起来的，入周以后即开启了"人文化成"的大格局。这一转变，恰恰体现了人"由自然向社会生成"的转变。人作为社会人必须被"文化"，由是需要"教养教育"。"教养教育"通过各级学校实施。教育的内容，依《礼记·王制》所述："乐正崇四术，立四教，顺先王《诗》、《书》、《礼》、《乐》以造士。春秋教以《礼》、《乐》，冬夏教以《诗》、《书》。"所教以《诗》、《书》、《礼》、《乐》为科目，这便是"教养教育"。

由"教养教育"开创的时代，日本学者本田成之曾美称：

> 此时学问与艺术完全融合，所谓艺术的教育的时代，是把人世的本身艺术化了的周朝的、"郁郁乎文哉"的时代的想象……这样，较人间的杀伐性，使四海悉至于礼乐的生活，则是所谓"比屋可封"的理想的社会里。尤其是重音乐的大司乐时代，是周代文化达于最高调之时。[①]

由"教养教育"所造之"士"，则极为国学大师钱穆所赞赏：

> 大体言之，当时的贵族，对古代相传的宗教均已抱有一种开明而合理的见解。
>
> 因此他们对于人生，亦有一个清晰而稳健的看法。
>
> 当时的国际间，虽则不断以兵戎相见，而大体上一般趋势，则均重和平，守信义。
>
> 外交上的文雅风流，更是表现出当时一般贵族文化上的修养与了解。
>
> 即在战争中，犹能不失他们重人道、讲礼貌、守信让之素养，而有时则成为一种当时独有的幽默。
>
> 道义礼信，在当时的地位，显见超出于富强攻取之

---

① ［日］本田成之：《中国经学史》，45页，上海，上海书店出版社，2001。

上。《左传》对于当时各国的国内政治，虽记载较少，而各国贵族阶级之私生活之记载，则流传甚富。

他们理解之渊博，人格之完备，嘉言懿行，可资后代敬慕者，到处可见。

春秋时代，实可说是中国古代贵族文化已发展到一种极优美、极高尚、极细腻雅致的时代。①

春秋之后，中国古典社会也不时为功利与权力的争夺所困迫，以《诗》、《书》、《礼》、《乐》为主导的"教养教育"也间或有所中断。然每一个新政权建立，都必当以恢复"教养教育"为重要使命。中国古典社会得以"礼乐文明"著称，毫无疑问即由"教养教育"营造。

当然，社会的现代走向，自有社会发展自己的内在逻辑，社会结构如何才来得更"公平"，也自有社会演变自身的某种脉络。"教养教育"面对社会的这种"现代性"，无疑需要有所调适。但是，人之为人，人要成为人，人要讲求精神教养、讲求风流典雅，对他人、社群、自然要承担责任，这是任何时代都不可或缺的。当今社会既然演变得越来越"俗"，人越来越被工具化与功利化，这种需要亦便越来越显得紧迫。

正是出自"教养教育"的这种紧迫需要，广州城市职业学院成立国学院，致力于培养既有人文涵养和精神追求又有一技之长的高素质人才，以期古典优秀文明得以持守和传播，使学生既能立人也能立业。进而，国学院院长宋婕教授组织力量，编撰这套关涉中国古典思想、古典艺术的理论与实践的丛书，以为"教养教育"的开展提供丰富资源，其努力更加可贵。

因之，我特撰本文衷心祝贺这一套丛书的出版，并期盼广大读者从中获得良好教益！

中山大学哲学系
冯达文

---

① 钱穆：《国史大纲》上册，71页，北京，商务印书馆，1996。

目 录

第五章
茶艺流派及各国茶艺演示形式 ...109

中华民族灿烂的文明史，洋溢着浓浓的茶香。透过一杯茶，儒家看到了礼法；道家实践了修行；佛家悟出了禅定。有多少茶人，也就有多少对茶的体味，对茶道的感悟。茶，活泼生动、空灵洒脱而又包罗万象！

"为名忙为利忙，忙里偷闲，且喝一杯茶去"，不管是平民百姓口中喝的茶，还是赵州禅师所讲的茶，或浓或淡的茶味，恍如人生况味，点滴在心头，冷暖自知。

茶里乾坤大，壶中日月长。

欲得其中味，不妨吃茶去。

知识目标
·了解茶最早产自哪里，有哪些史料可以证明。
·清楚茶叶在国内外传播的历程和意义。

能力目标
·掌握茶读音及写法的变迁。
·能讲述茶在中国发展的历程。
·在世界地图上标示出历史上茶叶传播的陆路和水路路线。

推荐阅读
·《神农本草经》。
·《诗经》。
·陆羽：《茶经》。

中国茶叶发展简史

第 一 章

炎炎夏日，几片绿色叶子浮沉于杯中，细细啜饮，汤味清而微苦；尔后，甘入喉，甜入心脾；最后，清入骨，通体舒畅，令人沉迷。这小小的绿色叶子到底是何方神圣？令世人不断尝之、品之、歌之、咏之……

绿色叶子采摘自名叫"茶树"的植物。距今6 000多万年的时候，茶树已经遍布大陆各地。距今2 500万年的渐新世晚期，由于喜马拉雅造山运动，气候变得寒冷，冰川覆盖大地，直到11 500年前进入全新世，最后一次冰期结束，气候变暖，冰川开始消退，在未被冰川覆盖的中国东南沿海、华南、西南及华中的一些地方，幸存的茶树慢慢繁殖茂盛。

第一节　茶起源于中国

"人生开门七件事，柴米油盐酱醋茶"、"琴棋书画诗酒茶"，茶已完全融入了人们的日常消费和文化生活中。茶，根植于中华大地，是几千年中华文明发展的历史见证；茶，移植至他乡，是中外文化传播交融的媒介。茶，提升了我们的物质生活，亦影响了我们的精神生活。茶文化，是中华文化的一种国粹，也是中华文化对世界文化的一项重大贡献。

一、从考古学和植物学角度看

中国从发现到利用茶已有将近5 000年历史，人工栽培茶树也有约3 000年历史。世界其他各国栽培茶树的历史均远远落后于我国，且其栽培史均直接或间接地受到我国的影响。早在1753年，世界著名植物分类学家林奈就把茶的学名定为"thea sinensis"，意即原产于中国的茶树。因此在19世纪之前，茶树原产于中国已成为世界所公认的事实。19世纪中期，由茶贸易导致的鸦片战争不仅给中国带来了无穷无尽的灾难，也带出了由部分别有用心的外国学者创造的"中国不是茶的原产地，印度才是"的谬论。但历史是不容置疑的，越来越多的学者和考古学家相继在云南、贵州、四川、广西、广东、湖南、福建、江西等省发现了以云南巴达山大茶树为代表的一大批野生大茶树。据不完全统计，中国在10个省区的198处发现有野生大茶树。而且经过国内外专家对世界各地的考察，中国西南地区是野生大茶树发现最多且分布最集中的地区，而印度茶树品种是中国茶树的变种。

世界上现存最古老的云南凤庆香竹箐野生大茶树，树龄超过3 200年

二、从现存史料和传说看

据《神农本草经》记载："神农尝百草，日遇七十二毒，得荼而解之。"这是历史上最早有关茶的传说，早在4 700年前，神农氏不仅给人类带来了五谷之实，亦带出了茶这沐浴天地精华的植物。当然，传说之事无可查据，但就现在已知的可信文献史料来看，在3 000年前的周朝，诸侯巴王已把茶叶当作贡品进贡给周武王。（东晋常璩《华阳国志·巴志》）春秋时晏婴以茶为廉，晋朝刘琨以茶解烦闷，东汉华佗以茶入药。这证明早在千年以前茶在中国已广为人知。史家所公认的最早关于茶的文字记载，是成书于西汉初年的我国最早的一部字书《尔雅》中的"槚苦荼"条目。到汉代，王

《晏子春秋》明代刻本

褒写的《僮约》中"武阳买茶"、"烹茶尽具"的记载证明茶在中国不仅是饮料且已成为商品，这也是历史上最早有关茶成为商品的文字史料。

三、从文字学考察

我国发现并利用茶，已有数千年历史，茶的分布范围又十分广阔，因此形成了不同地域、不同历史时期的"茶"字或对茶的称谓。就茶名而言，能代表其义的就有十多个字（词）。例如：茶、荼、苦荼、槚、葭、葭萌、荈、蔎、诧、茗、游冬、皋芦、瓜芦、茗菜、苦茶、腊、巴饨等。用得最为广泛的是"茶"、"荼"、"茗"。

"荼"字最早出现于《诗经》,《谷风》《鸱鸮》《良耜》《桑柔》《出其东门》《邶风》等篇目共有七处出现"荼"字。不过后世学者认为当时的"荼"字是"茶"字的前身，"荼"字除指茶外，还指苦菜或其他植物。

汉代，茶作为商品在社会上流通，字体和称呼的不一给贸易带来诸多不便，统一称谓便提上了日程。由于四川是当时最大的茶叶集散地，带四川方言的茶（cha）、槚（jia）、蔎（sha）、荈（cha）、茗（ming）是当时最流行的叫法。到了唐代，陆羽在《茶经》中采用"茶"字，统一了写法，开创了茶文化的新纪元。

由于我国地域广阔、民族众多，尽管茶在文字上得到了统一，但不同地区在发音上

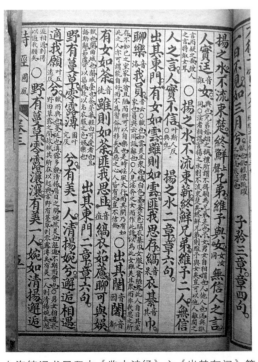

上海铸记书局印本《监本诗经》之《出其东门》篇

仍有很大的区别。如广东、华北的发音为"cha"、福州的发音为"ta"，福建、广东、台湾的工夫茶区的发音分别为"te"、"ti"、"tai"，长江流域的发音为"cha"、"cha ye"、"chai"、"zhou"、"zha"等。云南的发音为"ming"，云南的傣族、湘西苗族和彝族的发音为"la"，贵州侗族的发音为"si"，贵州南部苗族的发音为"chu ta"、"jia"、"ji"、"ji hu"，布依族的发音为"chuan"，藏族的发音为"jia"，川黔一带少数民族（瑶、畲、彝族）的发音为"se"或"she"等。

明万历刻本扬雄《方言》

世界各国对茶的读音，直接或间接地受到我国各地对茶称谓的影响，在发音上基本可分为两大类：茶叶从我国海路传播去的西欧各国，其发音近似于我国福建等沿海地区的"te"、"ti"音，如英国、美国、法国、荷兰、德国、西班牙、意大利、瑞典、丹麦、挪威、捷克、拉脱维亚、斯里兰卡、澳大利亚、加拿大等国；茶叶从我国陆路向北、向西传播去的国家，其发音近似于我国华北地区的"cha"音，如日本、蒙古、俄罗斯、印度、阿拉伯、土耳其、伊朗、波兰、葡萄牙、希腊、保加利亚、阿尔巴尼亚、越南、朝鲜、韩国等国。

第二节　茶叶的传播

茶这一孕育天地精华的植物先在中国的西南地带生枝发芽，随着社会的发展、交通的便利、喝茶风气的盛行，茶在种植和贸易上出现了从西到东、从南到北、从国内到国外的局面。

一、茶叶在中国的传播

公元前 5 世纪以前，即我国从原始社会到奴隶社会时期，是我国发现和利用茶的初级阶段，这时期茶的生长和利用局限于巴蜀地区。人们从野生茶树上采摘新鲜绿叶，当作药物或食用蔬菜。后来野生茶树满足不了日益增长的需求，人们开始进行人工栽培茶树，简单的茶叶加工方法也逐渐发展起来，并出现了茶作为贡品的记载。

公元前 3 世纪至公元 6 世纪，为秦、汉过渡到南北朝的时期，茶叶除广泛作为贡品、祭品外，开始在客栈、饭馆和集市上出售。茶的栽培区域逐渐扩大，茶业由巴蜀地区向东移，长江流域的丘陵地带出现了新的茶园。茶叶商变得越来越富有，开始叫人打制一些精美昂贵的器具用以喝茶，这也代表着其财富和地位。

公元 6 世纪至 14 世纪，即隋、唐、宋、元时期，被认为是古代茶业的"黄金时代"。茶从南方传到中原，再从中原传到边疆少数民族地区。上至皇室贵胄，下至贩夫走卒，都纷纷喝茶，一时间茶成为"举国之饮"。种茶规模和范围不断扩大，生产贸易重心转移到长江中下游地区的浙江、福建一带。种茶、制茶技术有了明显的进步，茶书、茶著相继问世，茶会、茶宴、斗茶之风

唐代民间斗茶

盛行。国家对茶进行管制：茶税从唐代开始征收，至宋代则将茶税改为茶课，用茶来控制敌人，用茶与游牧民族交换备战物品，同时为了维持财政，实施茶叶专卖。这时期在中国茶史上最大的贡献应是茶不再仅仅是一种生活消耗品，更是一种精神消费品。唐代著名茶人陆羽（733—804 年）经过广泛的实践和深入的研究，写出了人类文明史上第一部茶学专著——《茶经》，使"天下益知饮茶"，大大推动了茶文化的传播。陆羽的《茶经》全面总结了唐代以前茶叶的生产、制造，茶具的种类、使用，烹茶的技艺、要求，并对各地名茶作了分析比较，还辑录了历代茶事。茶不仅能满足人们的口腹之欲，更具有提精安神、愉悦身心的作用。自陆羽后，越来越多的文人喝茶、咏茶，以茶入诗、以茶入画、以茶养身、以茶明志。茶开始融进深厚的中华文化内容。

公元 14 世纪至 20 世纪初的明清时期，茶叶的制

陆羽《茶经》

作由团饼茶逐渐过渡到叶茶、芽茶，并且开发了两个新茶叶品种——红茶和花茶；喝法亦由崇尚自然的"清饮法"取代了唐宋精细的"煮饮法"、"点茶法"；台湾茶区得到开发，栽培面积、生产量曾一度达到新中国成立前的历史最高水平；茶文化深入到大众之中，茶馆在全国各地兴盛；工夫茶开始兴起，茶俗在民间被广泛运用；茶叶产品走出国门，销往世界各地，茶叶外销机构得到发展。但由于鸦片战争中帝国主义列强的殖民统治，社会的动荡不安和全国经济、文化的萎靡不振，我国的茶业在痛苦的挣扎中逐渐走向衰落。

新中国成立后，自 1978 年开始实行改革开放，中国茶业出现了前所未有的局面：茶叶产区遍布浙江、安徽、四川、台湾、福建、云南、湖北、湖南、贵州、广东、广西、海南、江西、江苏、陕西、河南、山东、甘肃以及西藏等 19 个省（市、自治区）；茶园近 200 公顷，茶叶产量近 150 万吨；茶叶出口量提高；茶业科技逐步复苏并走向有组织、有计划的发展阶段；茶业教育受到高度重视，建立起不同层次的教育体系；茶书、茶论的编撰也呈现出兴旺局面；在浙江、香港、台湾还出现了

明代文徵明《惠山茶会图》

清代薛怀《山窗清供图》

规模各异的茶博物馆；全国大、中、小城市的茶艺馆如雨后春笋般涌现；茶文化团体应运而生，茶文化学术活动蓬勃开展。中国茶业迎来了一个明媚春天，茶文化成了中华文化大花园中的一朵奇葩，芳溢四海，味播九洲。

二、茶叶在国外的传播

（一）茶叶向东传入朝鲜和日本

632—646 年，中国的饮茶习俗及茶艺文化被导入当时的新罗。828 年，新罗使节大廉由唐带回茶籽，种于智异山下的华岩寺周围，从此朝鲜开始了茶的种植与生产，并把从唐宋习得的茶法融会贯通，创造了一整套具有其民族特色的点茶法和茶道礼仪。

据文献记载，约在 593 年，中国在向日本传播文化艺术和佛教的同时，也将茶传到日本。当时日本不种植茶叶，日常消费的茶叶都来自中国。804 年，日本天台宗之开创者最澄来华，翌年回国，把带回

韩国茶礼（徐秀荣提供）

的茶籽种在日本近江的台麓山，从此日本亦开始种植茶叶。与最澄同时来华的还有日本僧人空海和尚，据说他回国时不仅带回了茶籽，还带回了中国制茶的石臼及蒸、捣、焙等制茶技术。当时日本饮茶之风因和尚们的提倡而兴起，饮茶方法和唐代相似。9 世纪末到 11 世纪期间，中日关系恶化，茶的传播因之中断，茶在日本也不再受宠。直到 12 世纪，两国关系得到改善后，日本僧人荣西来华学习达 24 年之久，他回国后带回更多的

日本茶道核心："和、敬、清、寂"

茶籽，也将中国饮用粉末绿茶的新风俗带回日本；他还悟得禅宗茶道之理，著有《吃茶养生记》，创造了日本茶道的理念，是日本茶道的真正奠基人。后历经几代茶人的努力，日本的茶道日臻完善，茶"不仅是一种理想的饮料，它更是一种生活艺术的宗教"（冈仓觉造）。

（二）茶叶向西传入欧洲

茶向欧洲的传播，有陆路和海路两种途径。罗马人马可·波罗（1254—1324 年）在《马可·波罗游记》中记载了有关中国茶叶的故事。17 世纪，葡萄牙人通过海路把中国茶叶带到里斯本，荷兰东印度公司又把茶叶从里斯本运送到荷兰、法国和拜耳迪克港口。茶叶一进入欧洲，法国人和德国人就都表现出浓厚的兴致，英国商人甚至在当时的《信使政报》上作广告。但茶只停留在上流社会，并未普及到平民阶层，也未列入日常饮品。茶在欧洲的转机应归功于当时葡萄牙籍的英国王后凯瑟琳。她在 1662 年嫁给英国国王查理二世时带了一箱中国茶叶作为嫁妆,并在宫中积极推行饮茶。但当时茶叶价格一直在每磅 16～60 先令,茶仍是富人才能享用的饮品。到 18 世纪后期,茶才成为英国最流行的饮品,茶的消费量由 1701 年的 30.3 吨增加到 1781 年的 2 229.6 吨,人们可在家中或在伦敦新建的一些时尚茶舍里饮茶。到 19 世纪初期,茶可在一天中的任何时间饮用,特别是在晚餐后饮用有助于消化。19 世纪 70 年代,斯里兰卡成为英国的一个主要产茶区,当时有一位独具慧眼的商人托马斯·立顿在斯里兰卡种植茶园,生产茶叶并直销到英国市场,茶叶开始广泛进入平民家庭,有"床茶"、"晨茶"、"下午茶"和"晚茶"。其中"下午茶"最为隆重,也成为英国文化的一个重要组成部分。

欧洲人在学习中国茶艺
(张沙提供)

(三)茶叶向南传入东南亚、南亚

茶向东南亚或南亚传播,有陆路和海路两条途径。毗邻中国的缅甸、泰国、越南和印度北部等国在秦朝统一后,民间及朝廷交往日频,已有茶传入的可能;唐、宋和元三个朝代,泉州是最繁忙的对外贸易商港,茶叶亦是出口商品之一;15 世纪郑和下西洋时,茶叶作为一种礼品亦被带到这些邻近的亚洲国家。

印度很早就自西藏传去茶的吃法。约在 1780 年,东印度公司引进茶种,但种植失败。1834 年,成立植茶问题研究委员会,派遣委员会秘书哥登到我国购买茶籽和茶苗,访求栽茶和制茶的师傅,带回很多专家和技工，回国后在大吉岭种茶成功。1836 年，在阿萨姆勃鲁士的厂中，按照我国制法试制茶样成功。现在印度已成为世界上最大的茶叶生产国之一，拥有 13 000 多个种植园，从事茶叶生产的劳动力超过 300 万人，生产的红茶约占世界红茶产量的 30%，CTC 茶约占 65%。其中大吉岭茶已成为国际知名品牌。

1867 年，苏格兰人詹姆斯·泰勒在斯里兰卡 76 890 平方米的土地上进行了首次茶种播种，并在茶叶生产上学习中国武夷岩茶制法，制造了首批味道鲜美的茶叶，为斯里兰卡早期茶叶种植业的成功作出了巨大的贡献。1873—1880 年，斯里兰卡的茶叶产量由 10.4 千克上升到 81.3 吨，1890 年达到 22 899.8 吨。20 世纪后，斯里兰卡的茶业得到更大的发展，到今天，许多人认为斯里兰卡的优质茶叶是世界上最好的茶叶之一，它的拼配红茶在国际上也享有很高的声誉。

印度尼西亚于 1684 年自中国引种茶籽，1827 年由爪哇华侨第一次试制样茶成功。1828—1833 年，荷属东印度公司的茶师杰克逊先后六次从我国带回技术和熟练的茶工，制成绿茶、小种红茶和白茶的样品。1833 年，爪哇茶第一次在市场上出现。20 世纪初，由于战争，印度尼西亚的茶叶产量一直很低。到 1984 年后，局面才有极大的变化：政府成立茶叶委员会，工厂进行了整修，采用高产的无性系茶树对种植园进行更新，改善了交通条件，大大提高了茶叶产量。到 20 世纪后期，印度尼西亚茶叶出口约占世界茶叶出口总量的 12%。

（四）茶叶向北进入俄罗斯

相传在 1567 年就有哈萨克人把茶叶引进俄国。更

为确切的记载是，1618 年茶叶被作为礼物从中国运到
萨·亚力克西斯。1689 年，《中俄尼布楚条约》签订，
标志中俄长期贸易开始，有专门的运茶商队用骆驼来运
茶叶，由陆路经蒙古、西伯利亚运往俄国销售，数量很
大。1903 年，贯穿西伯利亚的铁路竣工，中俄贸易更为
畅通，茶叶在俄罗斯家庭的消费更为普及。

知识目标

· 了解茶树生长的特性。
· 简述中国六大茶类分类的基本原理。
· 了解不同茶类的品饮对人体的效用。

能力目标

· 熟悉茶叶加工的流程及每一道工序对茶叶品质的影响。
· 能按茶叶营养成分的不同来指导喝茶。

推荐阅读

· 施兆鹏:《茶叶加工学》, 中国农业出版社, 1997。

茶叶的诞生

第 二 章

第一节　种植茶的自然条件

茶，属山茶科，叶革质，长椭圆状披针形或倒卵状披针形，边缘有锯齿；秋末开花，花1～3朵生于叶腋，白色，有花梗；蒴果扁球

古茶树茶芽

形，有三钝棱；产于中国中部至东南部和西南部，广泛栽培，性喜湿润气候和微酸性土壤，耐阴性强。以上是《现代植物学》对茶的科学描绘，言简而意明。

世界茶园主要分布在北纬43°至南纬27°的地区。赤道两旁的低纬度地区之所以会成为茶的生产地，是因为那里的日照、雨水和温度提供了茶树生长所需的最基本条件：年平均气温10℃～25℃，年平均降雨量能达到1 000～2 000毫米，风力不太大，通常无霜冻，而茶树在温度低于5℃便停止生长，进入休眠状态。

当然，对茶树来说，日照并非越强烈越好。过于强烈的阳光会抑制茶树的生长，并影响茶叶的品质。所以聪明的人类总会在茶园的周围种上一些树干高大、叶面宽阔的常绿植物，或直接搭上遮阳棚，以便给茶树遮阳。

茶花与茶果

海拔高度亦是影响茶叶品质的关键。世界上的茶区多分布在海拔 300 ～ 2 000 米的范围内，多数集中于海拔 300 ～ 600 米的地区，也有少量茶叶产于海拔 2 000 米以上的高山地区。高质量的茶叶多生长在海拔 1 000 米以上的山坡，如中国云南的普洱茶、印度大吉岭的红茶等。

培育优质的茶叶还需要适宜的土壤肥力。疏松、肥沃、土层深厚、排水良好的土壤是种植茶树的重要条件，此外，土壤性质要偏酸，pH 值在 4.5 ～ 6.5 之间最为理想。

可见，种植茶树的自然条件为：日照、降雨量、温度、海拔高度、土壤，缺一不可。

第二节　茶树的生长特征

茶种在传播的过程中，随着纬度和气候的变化亦产生变化。如在多雨炎热地区的野生茶树多是树冠高大、叶大如掌的乔木型大叶种；移植至较为寒冷地区逐渐演变成比较耐旱、耐寒、耐阴、树冠较矮小、叶型较小的灌木型中小叶种；介于中间地带的茶树品种即为小乔木的中叶种。

茶树开花结果，历史上多用茶果播种来进行种子繁殖，学科上叫做"有性繁殖"。现代科技多利用茶树具有再生能力的茎、叶等一部分营养器官进行繁殖，学科上叫"无性繁殖"。

云南乔木大叶种茶树

武夷山大红袍母树（谢燕慈提供）

无性繁殖·乌龙茶扦插苗培植

广东潮州凤凰山单丛茶茶树

一棵新生茶树需要4年时间才能产茶，老的茶树（树龄在 100～200 年）产量高，茶叶质量也好。云南发现的野生大茶树群中就有树龄高达 3 200 多年、树高 25.6 米的大树，这些大茶树生长状态依然良好。

茶树的芽是枝、叶、花的原生体，位于枝条顶端的称为顶芽，位于枝条叶腋间的称为腋芽。顶芽和腋芽生长而成的新梢，是用来加工茶叶的原料。新梢一年在春、夏、秋自然萌发三次，冬季休眠。故一年采茶三次，制成的茶叶称为春茶、夏茶、秋茶，以春茶为多，质量也最好。个别地区气温暖和，亦制冬茶，如广东潮州凤凰山所产的名为"雪片"的单丛茶，即为初冬所制。

第三节　茶叶的加工与分类

一、茶叶的加工

茶叶采摘后立即在作坊进行加工，主要经过杀青、萎凋、揉捻、干燥等几道工序。通过不同的加工方式，产自同一棵茶树的茶叶会形成各自的特点和个性。

（一）杀青

即高温处理鲜叶，破坏鲜叶中氧化酶的活性，中止茶多酚等物质的酶促氧化。杀青又可分为蒸青与炒青两种方式：蒸青是利用热蒸汽杀青，日本蒸青绿茶多用此法；炒青是利用加热铁锅或滚筒锅壁的辐射热杀青。

（二）萎凋

萎凋是使鲜叶在一定的条件下，均匀地散失适量的水分，增加叶子韧性，为揉捻做形创造必要的条件。这是制作白茶、青茶、红茶的一道必要工序。

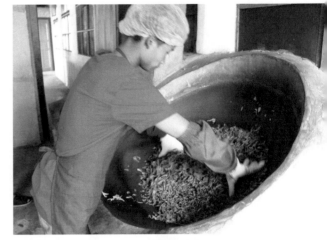

锅炒杀青

鲜叶萎凋

手工揉捻

机器揉捻

（三）揉捻

即整形理条过程，有手工揉捻和机械揉捻两种。红茶是在揉捻之后进行揉切，弄碎细胞组织而形成不同品类。

（四）闷黄

即将杀青好的叶子，趁热按一定的厚度摊在竹匾或簸箕上、木箱或铁箱内闷。这是形成黄茶黄叶、黄汤品质特征的关键工序，会产生独特的风味。

（五）摇青

摇青亦称"做青"，是摩擦叶子边缘，使茶多酚氧化变红，产生"绿腹红镶边"现象。这实为发酵作用，是形成青茶品质最关键的工序，分为手工摇青和机械摇青。

手工摇青（邱汝泉提供）

（六）渥堆

这是黑茶的必经作业程序。即将毛茶泼上水，然后拌匀再渥成一堆，最后盖上湿的麻布，通过湿热作用来繁殖微生物或菌类。

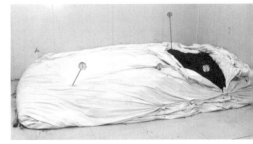

普洱茶熟茶渥堆发酵

（七）发酵

发酵的目的在于使芽叶中的多酚类化合物在酶促作用下产生氧化聚合作用，使绿叶变红，形成红茶特有的色香味品质。

（八）干燥

干燥是进一步蒸发水分，达到一定的干燥度。这既可以保存品质，发展香气，又可以固定外形。干燥的方法有四种：晒干、烘干、炒干和半烘炒干。

红茶发酵堆

烘干

晒干

二、茶叶的分类

在数千年茶叶采制和加工的过程中，人们悟出了不同的茶树品种、不同的加工方式可以制出不同风味的茶类，因此茶的品名和叫法亦呈现纷繁复杂的局面。

在欧洲，茶叶分类较为简单，只按商品特性分为红茶（Black Tea）、乌龙茶（Oolong Tea）、绿茶（Green Tea）三大类。

在日本，较有代表性的分类方法是静冈大学林敏郎教授提出的：不发酵茶（绿茶）、半发酵茶（乌龙茶）、全发酵茶（红茶）、微生物发酵茶（黑砖茶）和再加工茶。

（一）商品市场上茶叶的分法

在商品市场上，常见的茶叶分法有如下几种。

1. 依据茶叶原料命名

把茶叶原料细分，让人一眼能分辨出来。如贡眉、珍眉、特级、一级、二级等。等级越高，原料越嫩，工艺越精，茶叶价格亦越高。

2. 依据茶叶形状命名

这种分法很常见。红茶可分成叶茶、片茶、碎茶；绿茶可分成扁状、条状、剑状、卷曲状、针状、粉末状等；普洱茶可分成砖形、饼形、条形等。

3. 依据国名和产地命名

这主要是为了表明茶叶的原产地。如"印度大吉岭红茶"，大吉岭是印度的"大庄园"，位于喜马拉雅山脚下和支脉上，是孟加拉地区的重要城市，也是优质红茶的代名词。如同法国波尔多葡萄酒一样，该地区的某些茶叶品牌达到了天价。同样，中国的西湖龙井、安吉白

西湖龙井

茶、洞庭碧螺春也成了顶尖绿茶的代称。

不过，即使是在同一国家、同一地区生产的同一名称的茶叶，由于茶园的位置、加工的手法不同，品质也差别很大。因此，产地并不能真正保证茶叶的质量。对爱好者而言，原产地更多的是代表了一种文化。

4. 依据茶树品种命名

这种分类方法在专业教学和科研中使用得较多，亦有商人用一些珍稀品种来做噱头以图卖个好价钱。如"乌牛早""英红九号""千年野生茶树""老树乔木""宋种单枞"等。

（二）我国茶叶分类

在我国，茶叶分类向来诸多头绪，目前被广泛认可的是已故安徽农业大学教授、著名茶学家陈椽（1908—1999）提出的按制法和品质建立的"六大茶类分类系统"：绿茶、红茶、白茶、青茶、黄茶和黑茶。鉴于现代化工业的发达，与茶有关的商品越来越多，人们在六

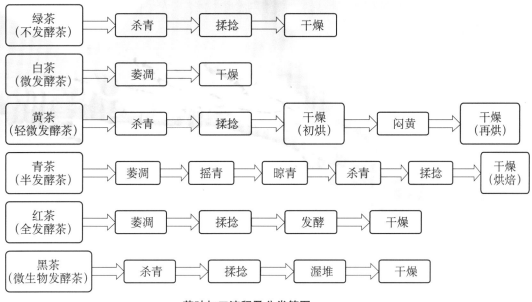

茶叶加工流程及分类简图

大茶类的基础上又添加了一个"再加工茶类"，如花茶，用烘青绿茶、乌龙茶与香花相拌窨制而成。其中以茉莉花为主，还有的用珠兰、桂花、玫瑰花、白兰花、金银花、玳玳花等窨制。

1. 绿茶

从茶树上摘下来的嫩叶称为"茶青"，也是鲜叶。制作名优绿茶的茶青应较嫩：采茶树新梢刚长的嫩芽，称为"莲心"；采一芽一叶（芽长于叶）的称为"旗枪"，喻其叶为旗，芽为枪；采一芽二叶初展的新梢称为"雀舌"。制作一般的炒青或烘青绿茶的原料主要是一芽二三叶，大路货绿茶则采用较嫩的叶片。最好的绿茶一般只在春天生产，其中又以清明前为贵。绿茶的品质特征见表2—1。

一芽一叶

表2—1　　　　　　　　　　　　　　绿茶的品质特征

简介	茶树鲜叶在加工时，不经过发酵工序，直接高温杀青，中止茶多酚被氧化，使茶叶仍保持绿色。总特征为：清汤绿叶，香高味醇。
颜色	翠绿、黄绿、碧绿或绿褐色，与空气接触较长时间颜色易变黑。
香气	干茶清香、嫩香、板栗香、海苔香；冲泡后茶香幽雅细锐。
汤色	多呈黄绿色，清澈明亮。
滋味	甘甜醇和，鲜爽微苦。
性质	富含叶绿素、氨基酸、维生素C，防癌、利尿、消脂、抗衰老，防止皮肤中黑色素沉积，使皮肤细腻且有光泽，但咖啡因含量较高，饮后容易失眠。性寒凉，可下火，脾胃虚者不宜多喝。

依据不同的标准，绿茶可分为不同的种类。

（1）依据杀青方式不同，绿茶可分炒青绿茶和蒸青绿茶。现在国内生产的大多数绿茶都为炒青绿茶。蒸青绿茶有色绿、汤绿、底绿"三绿"特点，主要生产于日本，我国的主要生产地为湖北、浙江两省。我国较有名的蒸青绿茶有湖北"恩施玉露"、"仙人掌茶"，广西"巴巴茶"等。

（2）依据干燥方法不同，绿茶可细分为炒青绿茶、烘青绿茶、半烘炒绿茶和晒青绿茶四类。炒青绿茶是利用锅或滚筒炒干的绿茶，包括长炒青、圆炒青和细嫩炒青三类。长炒青主要有江西婺源的"婺绿炒青"，浙江的"杭绿炒青"、"遂绿炒青"和"温绿炒青"，湖南的"湘绿炒青"，贵州的"黔绿炒青"等。圆炒青主要是珠茶，主要产于浙江嵊州、绍兴、上虞、新昌、诸暨、余姚、奉化等地，历史上曾以绍兴平水地区为珠茶的集散地，因此常把珠茶称为"平水珠茶"。细嫩炒青又称特种绿茶，主要包括龙井茶、碧螺春、安吉白茶、信阳毛尖、庐山云雾、金奖惠明、径山茶、顾渚紫笋等名优绿茶。烘青绿茶是指利用烘干方式进行干燥的绿茶。烘青绿茶又分为普通烘青和细嫩烘青。普通烘青外形不如炒青绿茶那样光滑紧结，但条索完整、苗锋显露、色泽绿润，常作窨制花茶的原料，如茉莉烘青、白兰烘青等，故又称"茶坯"、"素茶"。细嫩烘青是采摘细嫩芽叶加工而成的烘青绿茶，多数外形细紧卷曲有白毫，香高味鲜醇，主要包括黄山毛峰、太平猴魁等名优茶。半烘炒绿茶是既烘又炒而完成干燥作业的绿茶，烘炒结合的方式使其既有炒青茶香高味浓醇的特点，又保持了烘青茶芽叶完整白毫显露的特色。晒青绿茶是指直接利用阳光进行干燥的绿茶。一般晒青绿茶香气较淡，汤色、叶底呈黄褐色。大部分晒青绿茶都作为紧压茶的原料，主要有云南的"滇青"、贵州的"黔青"、陕西的"陕青"、四川的"川青"、广西的"桂青"等。

（3）依据形状不同，有扁平状绿茶、针状绿茶、条状绿茶、兰花状绿茶、珠状绿茶、螺状绿茶、弯月状绿

太平猴魁

茶、紧压状绿茶、剑状绿茶等。

2. 红茶

红茶鲜叶要求质地柔软、肥厚、有毫，芽叶持嫩性强，叶色黄绿或鲜绿，富有光泽。采摘标准以一芽二三叶为主，亦有对夹叶及单片叶（要均匀、新鲜、洁净无杂物），较差的有已老化的芽叶，最下等的为粗硬黄片叶。红茶的品质特征见表2—2。

红茶茶汤

表2—2 红茶的品质特征

简介	红茶一般分为春茶、夏茶和秋茶。春茶于4月份开采；夏茶于小暑前后采摘；秋茶于9～10月份摘。春夏茶约占全年总量的大部分。
外形	条索紧结，锋苗好；颗粒紧结、匀整、重实；带金毫或乌黑油润。
香气	浓郁高长似蜜糖香；醇厚有麦芽糖甜香；高长带松烟香。
汤色	红艳浓稠；红艳明亮；清澈姜黄。
滋味	醇厚回甘；浓强鲜爽；浓厚，刺激性强，略带涩味。
性质	红汤红叶；不含叶绿素、维生素C；茶多酚含量高，常饮可防血管硬化和动脉粥样硬化，降血脂，消炎抑菌；性质温和，富有兼容性，特别适合添加牛奶及佐料调饮；收敛性强，有较好的减肥功效；对胃刺激较轻，适合肠胃不好者喝。

红茶是目前全世界产量和消费量最大的茶类。按其制作特点主要分为工夫红茶、小种红茶、红碎茶三种。

工夫红茶 是我国的传统特产，因其制作精细，特别费工夫而得名。品质特点：外形美观，内质优秀，条索紧结，细长弯曲，叶形完整，毫尖金黄，叶底鲜红带黄，汤色黄亮，滋味甜醇。工夫红茶一般以产地命名：如产于福建的称"闽红"，产于安徽祁门县及毗邻石台、东至、黟县和贵池等地的称"祁红"，产于江西修水的叫"宁红"，产于四川的叫"川红"，产于广东英德的叫"英红"等。

小种红茶　是福建省特有的一种传统红茶，加工过程中采用松柏木柴明火加温萎凋和重烟焙干，因此茶叶有股独特的松烟香味。品质特点是：外形条索肥壮，色泽乌黑油润，身骨重实，有浓烈的松烟香，汤色红艳浓厚，滋味甜醇回甘，似桂园汤味，叶底厚实光滑，呈古铜色。小种红茶生产历史悠久。桐木关乡的三港、红度、半山、庙弯等村，邻近地处武夷山脉的建阳县黄坑乡和光峰县司前乡等地所产的小种红茶，称为"正山小种"。由政和、坦洋、北岭、屏南、古田、沙县及江西铅山等地加工仿制的称为"外山小种"。

红碎茶　亦称初制分级红茶，是国际市场的主销产品。红碎茶是鲜叶经萎凋后，揉捻时先将茶叶切碎，再发酵、干燥而成的，因外形细碎，故称"红碎茶"。它的特点是：颗粒较小，净度较好，茶汁浸出快，汤色红艳，滋味鲜爽浓厚。红碎茶以大中叶种所制的品质较好，如云南、广东、广西、四川、海南等地的红碎茶质量都不错。

3. 黄茶

制黄茶要求采摘肥壮的芽头；长短大小匀齐、一芽一叶初展（俗称鸦雀嘴）的芽叶；一芽二叶的细嫩多毫鲜叶；叶大梗大，具有一定成熟度的一芽四五叶的鲜叶。要做到不采紫色芽，不采瘦弱芽，不采病虫芽，不采空心芽。黄茶的品质特征见表2—3。

坦洋工夫红茶

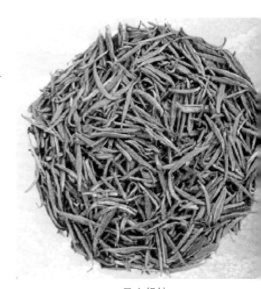

君山银针

表2—3	黄茶的品质特征
简介	黄茶的变黄主要是在高温湿热条件下，叶绿素被大量破坏，多酚类物质也发生非酶性自动氧化，产生了黄色素，同时内质也起了较大的变化，有了黄叶黄汤、甘醇爽口的特征。
颜色	干茶金黄油润，或黄绿多毫，或青润带黄。
香气	鲜爽有熟栗子香或甜熟香。
汤色	汤色嫩黄，或金黄明亮，或深黄显褐。
滋味	醇厚回甘。
性质	"三黄"（干茶黄、汤色黄、叶底黄）明显，性凉。

黄茶按鲜叶老嫩不同，分为黄芽茶、黄小茶和黄大茶三种。黄芽茶又分银针和黄芽两种。

我国较有名的黄茶主要有湖南君山银针、北港毛尖、沩山毛尖，四川蒙顶黄芽，安徽霍山黄芽、皖西黄大茶，浙江平阳黄汤，湖北远安鹿苑毛尖，广东大叶青等。

君山银针茶汤

4. 白茶

白茶主产于福建，产区较小，产量亦不多。正宗的白茶约有 200 年历史。清代白茶由菜茶群体品种制成，芽头瘦小，白毫欠显。19 世纪初出现了大白茶品种，芽头肥壮美观。现在适制白茶的茶树品种不断扩大，如水仙种、福云 6 号、早芽种福鼎大白毫、中芽种福云 20 号等富含白毫的优良品种。

春茶嫩芽梢萌发整齐，叶质柔软，毫心肥壮，茸毛多而洁白，是制作白茶的最佳时期。高级白茶对鲜叶要求严格，须采肥壮单芽制作，或采初展一芽一叶至二叶，置于室内干燥通风处"剥针"。"剥针"是一手持嫩梢基部，另一手将叶片轻轻剥下，芽（带梗）制银针，叶片制寿眉。凡雨露水芽、风伤芽、虫蛀芽、空心芽、

陈年白牡丹

白牡丹茶汤

开心芽、病虫芽、瘦弱芽、紫色芽均不能用。一般的白茶采用一芽二三叶，幼嫩对尖叶及单片叶也可加工。鲜叶亦要求鲜、匀、嫩、净。白茶的品质特征见表2—4。

表2—4　　　　　　　　**白茶的品质特征**

简介	白茶外形自然素雅，芽毫明显，绿叶红筋，滋味鲜爽。制作较简单，亦容易变味。
颜色	芽头肥壮，遍披白毫，色白如银；叶态自然，色泽深灰绿或暗青苔色，叶背遍布茸毛。
香气	清鲜、毫香显。
汤色	清澈晶亮，呈浅黄或杏黄色。
滋味	醇和爽口、微甜。
性质	富含氨基酸，尤以茶氨酸最为突出。性清凉，可退热降火、祛暑，有治病功效。

　　白茶因茶树品种不同分为大白、小白、水仙白等；按采摘标准不同分为白毫银针、白牡丹、贡眉与寿眉等。

　　5.青茶（乌龙茶）

　　制作青茶（乌龙茶）的茶树以半乔木型大、中叶种茶树为主，主产于福建、台湾、广东三地。

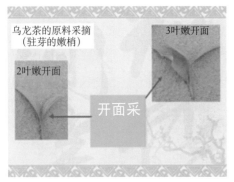

乌龙茶原料标准——开面采

乌龙茶的鲜叶标准与其他茶类有所不同。鲜叶要求有一定的成熟度，过嫩则成茶外形细小、香气低淡、滋味涩；过老则成茶外形粗松、香粗味淡，品质都不好。以新梢发育均臻完熟、驻芽刚形成的嫩梢最佳，采驻芽2～4叶，俗称"开面采"。乌龙茶的品质特征见表2—5。

表2—5　　　　　　　　乌龙茶的品质特征

简介	乌龙茶品质总特征：绿腹红边，香气馥郁，滋味醇厚，鲜爽回甘。
外形	紧结重实、均匀，色泽墨绿油润。
香气	清高馥郁，具有天然兰花香或熟果香。
汤色	金黄、明亮、清澈，亦有琥珀色。
滋味	醇厚、鲜爽、圆柔、回甘持久。
性质	属半发酵茶（发酵度10%～80%），温凉，略具叶绿素、维生素C，儿茶素、茶多酚、氟含量较丰富，有消脂、利尿、通便、防止龋齿等作用。含茶碱、咖啡因约3%，不宜睡前、空腹喝，饭后不宜马上喝。

乌龙茶按外形分，有颗粒状和条形状两类；按滋味分，有清香乌龙和浓香乌龙两类；按发酵程度分，有轻

铁观音

铁观音茶汤

发酵乌龙、中发酵乌龙和重发酵乌龙三种；按地名分，有安溪铁观音、武夷岩茶、凤凰单枞和台湾乌龙四类；按茶树品种分，有大红袍、铁罗汉、水金龟、白鸡冠、水仙、菜茶、宋种单丛、铁观音、黄金桂、青心乌龙、金萱乌龙等。

6. 黑茶

适制黑茶的茶树一般为大叶种，乔木和半乔木树型较为常见。黑茶是我国特有的茶类，生产历史悠久，品种花色丰富，产销量大。主要的产区有云南、湖南、四川、湖北、广西。以边销为主，部分内销与侨销，习惯上又称为"边销茶"，常加工成砖形或紧压成块，故又称"砖茶"、"紧压茶"。黑茶的品质特征见表2—6。

黑茶中的茯砖

表2—6	黑茶的品质特征
简介	黑茶属微生物发酵茶。所谓微生物发酵，是指茶叶通过高温处理（杀青或干燥）后再进行堆积发酵，在湿热条件下茶多酚自动氧化，从而形成黑茶色黑味醇的独特品质。
颜色	色泽褐红、黑润、黑褐、棕褐。
香气	陈香、带松烟味、纯正、平和。
汤色	深红明亮、红黄尚明、红黄微暗。
滋味	浓醇甘和、醇厚回甘、浓厚微涩。
性质	温和。可长久存放，耐冲泡，适合任何时间喝，有降血压、消脂肪的功效。

黑茶中的普洱茶

黑茶中的千两茶柱

黑茶依产地不同，分为湖南黑茶、湖北老青茶、四川边茶、滇桂黑茶等品种；按形状不同，有散茶和紧压茶两种：散茶有云南的普洱散茶，紧压茶有茯砖茶、黑砖茶、花砖茶、湘尖茶、青砖茶、康砖茶、金尖茶、

普洱熟茶茶汤

花茶茶汤

方包茶、六堡茶、圆茶、沱茶、紧茶等。

7. 再加工茶类

再加工茶类主要包括花茶、果味茶、药用保健茶、萃取茶、含茶饮料等。下面简要介绍花茶的相关知识。

用茶叶与花进行拌和窨制，使茶叶吸收花香而制成的香茶，称为花茶，亦称窨花茶。窨制花茶的原料主要是绿茶中的"烘青"，此外，红茶、乌龙茶也可用于窨花，但加工数量不多。窨制花茶的香花有茉莉、珠兰、白兰、玳玳、玫瑰、桂花、柚子花、栀子花、米兰等。其中以茉莉花数量最多，也最受欢迎。

茉莉花茶喜温怕寒，通常是6～9月开花，根据开花先后，有春花、伏花和秋花之分，伏花产量最高，质量也最好。目前国内又以福建、广西、广东三地所产茉莉花品质最好。

茉莉花要花开才能吐香，因此一般下午采摘含苞欲放的花朵，多数在晚上9时开始吐香，到凌晨3时是吐香的高峰期，3时后吐香开始减弱，至第二天下午吐香

各式各样的花茶

34

完毕。据茉莉花这一特征，通常是晚上开始吐香时将花
与茶叶拌和在一起，至第二天上午第一次窨制完成，筛
分出茉莉花朵，烘干茶叶后再进行第二次窨花，如此重
复进行三次窨花。每窨一次，烘一次茶，最后一次只用
少量鲜花（7～8千克）窨，分离花朵后不再烘干茶叶，
以保持花茶香气的鲜灵度，最后一次窨花后不烘的过程
称为"提花"。

茉莉花茶

高档茉莉花茶通常要进行三次甚至四五次窨花，而
低档茶往往只进行一两次窨花，甚至用窨过茶的花再次
窨，这称为"压花"。通常规定：一级茉莉花茶的窨制
下花量为100千克茶叶要用95～105千克鲜花；二级
花茶用70千克左右鲜花；三级花茶只用50千克鲜花；
依次减少。有时为了提高茉莉花茶的香气浓度，在窨制
过程中会拌和一些白兰花瓣，但用量不宜多，否则会出
现"透兰"（白兰花香盖过茉莉花香）现象。

各种花茶，香味各具特色，但总的品质要求为：香
气鲜灵浓郁，滋味浓醇鲜爽，汤色明亮。除珠兰、桂花
窨制的花茶外，其他花茶高档品应较少花坯，有多花坯
且颜色黄褐者为次品。

第四节　茶叶的成分与保健作用

人们一直把茶叶当作有益饮料，民间流传着许多茶
叶治病、增寿的故事。据科学研究，茶叶中含有的化学
成分目前可知的有300多种，主要是对人体有益的营养
成分和药理成分。

一、茶叶内含的化学成分及其药理作用

酚类衍生物 通常称为多酚类化合物，含量为 20%～30%。主要有儿茶素、黄酮类及其苷类化合物、多酚类及其复合物质（单宁物质）。

嘌呤碱类物质 茶叶中的嘌呤碱类物质，亦称生物碱，主要有咖啡因、茶碱和可可碱三种。

维生素类物质 茶叶中的维生素类物质包括水溶性维生素和脂溶性维生素两大类。其中水溶性维生素有维生素 C、维生素 B、肌醇和维生素 P，它们能溶解于茶汤，较易被人体吸收。脂溶性维生素主要有维生素 A、维生素 D、维生素 K 和维生素 E，它们难溶于水，即要通过茶食或再加工形式才能被人体吸收。

矿物质 茶叶中已被发现的矿物质元素有 40 种之多，其中 50%～60% 为水溶性。主要有人体必需的常量元素钾、钙、钠、镁、磷、氯等，以及对人体生理代谢有重要作用的微量元素锶、溴、铷、硅、锰、硒、氟、钴等。

芳香类物质 芳香类物质是形成茶叶香气的关键所在，主要有萜烯类、酚类、醇类、醛类、酸类和酯类。

氨基酸类物质 据测定，茶叶中氨基酸类物质的含量为 2%～5%，主要有蛋氨酸、谷氨酸、精氨酸、半胱氨酸和茶叶特有的茶氨酸。

脂多糖 茶叶中的脂多糖是脂类与多糖结合在一起的大分子复合物，在茶叶中的含量约为 3%。

经反复验证，茶叶中各种有效成分的浸出率是不一样的，最易散发的是芳香物质，然后浸出氨基酸和维生素，其次是咖啡因，再到茶多酚、可溶性糖等。一般而言，冲泡较嫩原料制作的茶叶，第一泡时，茶中的可溶性物质能析出 50% ～ 55%，第二泡能析出 30% 左右，第三泡能析出约 10%，第四泡只能析出 2% ～ 3%。而用成熟叶制作的茶叶或后发酵的茶叶需冲泡更多次才能析出同比例的可溶性物质，即更耐冲泡。由于茶汤易氧化，泡茶时应现冲现喝，至于难溶于水的脂溶性维生素、钙、镁、铁、硫、铜、碘等矿物质元素，叶绿素、纤维素、蛋白质、胡萝卜等有机物质，即可通过吃茶或茶食来吸收。相对而言，春茶的有效成分比夏茶、秋茶多。

二、茶对人体的保健作用

中医讲究养生，以预防为主。茶叶不是万能药，但长期饮用可以取得一定的疗效，如安神除烦、醒脑明目、提神醒困、下气消食、醒酒解酒、利水通便、祛风解表、生津止渴、清肺去痰、去腻减肥、清热去火、疗疮治瘘、治痢止泻、涤齿坚齿、疗肌生精，还有防癌、防辐射作用。

三、喝茶的宜与忌

喝茶宜：温喝、常喝、饭后喝、新鲜喝、浓淡适当。

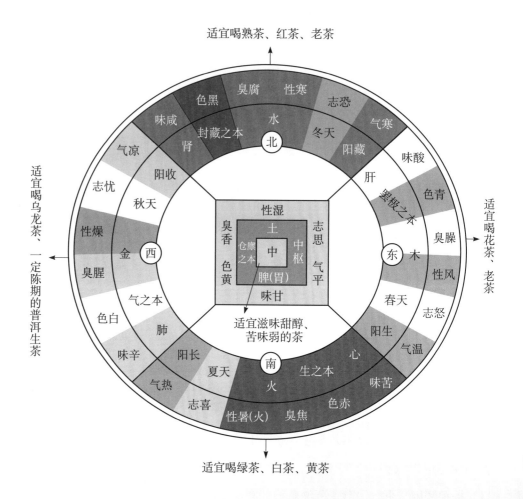

喝茶忌：过热、过冷、过浓、隔夜、变质、串味、空腹、睡前、服药前后。妇女经期、产期、更年期不宜喝，年老体弱者、胃溃疡患者、长期便秘者、发高烧者、心脏病患者、痛风病患者、严重的动脉硬化患者、严重高血压病患者等不宜喝。

第五节　茶叶的保存方法

茶叶遇阳光、温度、水分和其他气体都会产生亲附性，导致品质发生变化。除特殊品种，茶叶生产商一般会在包装上注明生产日期和保质期限，需注意的是，保存期限是针对未开封的茶叶而言的。

一、避免过于潮湿

在日本、中国，常把绿茶和发酵较轻的乌龙茶放在冷藏库保存，以延长茶的新鲜度。茶叶冷藏时间在 6 个月以内的，冷藏温度以维持 0℃～5℃ 最为经济有效，贮藏时间超过半年的，以 –18℃～–10℃ 比较好。由冷藏库取出茶叶时，应先让茶罐内茶叶温度回升至与室温相近。若取出后立刻打开茶罐，会使茶叶凝结水汽而增加含水量，从而使未泡完的茶叶品质加速劣变。其他茶叶不建议放冷藏库，因为如果密封状态不佳，茶叶就会吸收湿气，或是沾附上冷藏库中的其他气味。且过于潮湿，茶叶容易发霉变质。

二、避免光照

茶叶绝对不能放到阳光可以直射的场所贮存。受长期照明灯照到的样品茶也会泛红变质。此外，透明袋或玻璃容器会透光，从而使茶叶提前劣化。

三、避免高温、氧化

不要把茶叶放到温度急剧变化或高温的场所。同时，除后发酵茶需要氧气外，其他茶类都应密封保存，否则，茶叶长时间接触空气便会氧化，香气和味道都会变差。

知识目标
·了解审评的意义。
·分辨审评用具。
·学习审评的方法。

能力目标
·了解审评的场地布置和懂得使用审评用具。
·能独立按照审评的程序来审评茶叶。

推荐阅读
·杨亚军等:《评茶员培训教材》,金盾出版社,2009。

茶叶的审评

第 三 章

第一节 审评的意义

QS 标志

茶叶审评是审评人员运用正常的视觉、嗅觉、味觉、触觉等的辨别能力，对茶叶的条索、色泽、整碎、净度、汤色、香气、滋味及叶底8项品质因子进行评鉴，从而达到鉴定茶叶品质的目的。

茶叶审评对茶叶生产起着指导和促进作用，是茶叶生产、加工和销售各个环节质量控制的关键手段。

茶叶生产的特点在于茶鲜叶不是最终产品，而需要经过加工，塑造品质。因此，每个加工环节都存在着品质问题，每个工序都要经过品质鉴定才能进入下一工序，成品要对照国家（或地方）标准进行品质检验，才能进入商品市场。

茶叶审评是一项技术性工作。除了评茶员应具备敏锐的审辨能力和丰富的实践经验外，还应有良好的评茶环境、标准的评茶用具、相应的一套操作程序和专用术语，以尽量减少外界影响而产生的误差，使茶叶品质审评取得正确结果。

茶叶审评

第二节 审评的场地和用具

一、茶叶感官审评室

茶叶感官审评室要处于一个地势干燥、环境清静、周围无异味污染的区域。室内要求空气清新，环境安静、整洁。在自然光的情况下，光线要充足、均匀，同时应避免阳光的直射。在评茶室内外，不能有红、黄、紫、蓝、绿等异色反光和遮断光线的障碍物。

评茶室宜背南朝北，窗口宽敞，在评茶台上方可以安装适宜的日光特制灯管，备作自然光使用。

评茶室内要防止受潮，在条件允许下可以使用空气抽湿机。评茶室讲究空气清新，因此评茶室不宜与食堂、卫生间等其他有较大气味的空间设施相距太近。

评茶室内还要求安静，评茶员要注意力集中，以求审评结果准确。

茶室

二、评茶室的用具配置

（一）评茶台

评茶台分为干评台和湿评台。

干评台是评定茶叶外形的工作台，应靠北窗口放置。一般高 90cm、宽 60cm，长度按照实际需要而定，台面要漆成无反射光的黑色。

湿评台是评定茶叶内质的工作台，一般高 85cm、宽 45cm、长 150cm，台面要漆成无反射光的乳白色，放置在干评台后方 1m 左右的位置。

（二）评茶用具

评茶用具要求规格一致、成套使用。杯，用于冲泡茶汤和审评香气；碗，用于盛放茶汤，便于审评汤色和滋味。

（1）审评杯碗：杯，为白瓷圆柱形，有把、有杯盖，杯盖上有一小孔，在杯柄对面杯口上有齿形或弧形的小缺口，方便滤出茶汤。审评杯容量为 150ml，审评毛茶有时亦用容水量为 200ml 的审评杯。碗，一般为广口白瓷碗，容量约为 200ml。此套审评杯碗，多见于审

审评杯碗

审评杯碗、茶匙、汤碗

样茶盘

叶底盘

汤碗

评红茶、绿茶、黄茶、白茶。

（2）乌龙茶审评碗：审评乌龙茶时用钟形带盖的白瓷盏，容水量为100ml，审评碗容量为110ml。

（三）辅助用具

（1）样茶盘：用于盛放茶样，便于取样和审评干茶外形。式样可为长方形或正方形，白色，用无异味的材料制成，茶叶盛装量为150～200g。盘的一角有一倾斜形缺口，方便茶叶收取。审评毛茶一般采用篾制圆样匾，直径50cm，边高4cm。

（2）叶底盘：用于审评叶底。为长方形的白色搪瓷盘，加清水让茶叶微微漂浮起来，又称叶底漂盘。

（3）样茶秤：称取茶样的计量器。常用感量0.1g的托盘天平或称茶专用的铜质手秤。现在多用电子秤。

（4）计时器：用于计量茶叶冲泡时间。通常用可预定5min自动响铃的定时器或5min的砂时计。

（5）茶匙：也称汤匙，舀取茶汤品评之用。为白瓷，容量为5～10ml。

（6）汤碗：审评时冲进热水，消毒清洗茶匙用。亦可用杯形状的。

（7）废水桶（吐茶桶）：用于盛装废弃不用的茶汤、茶渣、废水以及盛装评茶时吐出的茶汤。

（8）煮水器：一般为电茶壶，水容量为2.5～5L。以不锈钢或铝质的为好。不能有异味。

（9）贮茶桶：用于放置或保存茶叶。要求密封性好，无杂异味。

（10）样茶柜架：审评室内可配置适当的样茶柜或样茶架，用以存放审评茶叶。

（11）消毒碗柜：用于放置审评杯、碗、汤匙等器具。

（四）审评表

审评时用于记录的表格，可参照表3—1和表3—2。

表3—1　　　　　　　茶叶审评表（Ⅰ）

送样：　　　　　　　　　　　　　　　　A表　　第　　号

茶类	外形（　%）		汤色（　%）		香气（　%）		滋味（　%）		叶底（　%）		总分
	评语	分数	评语	分数	评语	分数	评语	分数	评语	分数	
总评											

检评：　　　　　　　校核：　　　　　　　年　　月　　日

表3—2　　　　　　　茶叶审评表（Ⅱ）

送样：　　　　　　　　　　　　　　　　B表　　第　　号

茶类　　　批唛　　　　件数　　　总量　　　kg

品质因子	品质特点	较高	相当	稍低	较低	不合格	备注
外形							
汤色							
香气							
滋味							
叶底							
总评				检评结果			

检评：　　　　　　　校核：　　　　　　　年　　月　　日

三、审评用水

审评用水在评茶中起着关键作用，在内质审评中与茶叶的汤色、香气和滋味息息相关。

（一）水的选择

（1）水质无色、透明、无沉淀物。

（2）蒸馏水、纯净水是审评用水的首选。

（3）一般不用自来水，如要用，应采取过滤等方法，去除水中的铁锈等杂质。

（二）水的温度

（1）审评用水温度为100℃。

（2）开水不宜烧煮过久，烧煮过久会影响茶汤滋味的新鲜度。

（3）未沸的水，不宜作审评用水。

四、审评人员

审评人员是指专门从事茶叶感官检验的人员。审评人员的任职要求：首先，应具备良好的身体条件，无肝炎、结核等传染病，视觉、嗅觉、味觉和触觉都正常；其次，有良好的生活习惯，不嗜烟酒，饮食清淡，少吃或不吃葱蒜类食品，不乱用抗生素药物，评茶前禁用化妆品；最后，懂得茶叶初、精制技术，了解茶叶销区对品质的要求，有丰富的审评实操经验等。

审评人员持续评茶2小时以上，感官易疲劳，应稍作休息，以恢复感官灵敏度。

第三节　审评的标准

一、茶叶标准体系

根据《中华人民共和国标准化法》制定的标准，茶叶标准分国家标准、行业标准、地方标准、企业标准四个层次：

（1）国家标准——全国范围内统一技术要求的标准；

（2）行业标准——没有国家标准，在全国一个行业范围内统一技术要求的标准；

（3）地方标准——省区标准化行政主管部门制定的标准；

（4）企业标准——由企业制定，是企业组织生产和经营活动的依据，是企业科学管理的基础。

国家标准和行业标准，又分为强制性标准和推荐性标准两类。强制性标准是企业必须执行的标准；推荐性标准是企业自愿采用的标准。

保障人体健康，人身、财产安全的标准和法律、法律法规规定强制执行的标准，企业必须强制执行。不符合强制性标准的产品，禁止生产、销售和进口。

二、茶叶国家卫生标准

《茶叶卫生标准》的颁布始于1981年，1988年列为强制性标准（GB9679—1988），内容包括感官指标和理化指标两个部分。

（1）感官指标：具有该茶类正常的商品外形及固有

的色、香、味，不得混有异种植物叶，不含有非茶类物质，无异味，无臭味，无霉变。

（2）理化指标：铅≤2mg/kg（紧压茶为3），铜≤60mg/kg，六六六≤0.2mg/kg（紧压茶为0.4），滴滴涕≤0.2mg/kg。

检验方法按照《茶叶卫生标准分析方法》（GB/T5009.57）执行。

2005年10月1日，国家正式公布《食品中农药最大残留限量》（GB2763—2005）和《食物中污染物限量》（GB2762—2005），对茶叶的卫生指标作出了新的规定，替代《茶叶卫生标准》（GB9679—1988）。

（1）茶叶污染物限量指标（2项）：铅≤5mg/kg；稀土≤2mg/kg。

（2）茶叶农药最大残留限量指标（9项）：六六六≤0.2mg/kg；滴滴涕≤0.2mg/kg；氯菊酯（红、绿茶）≤20mg/kg；氯氰菊酯≤20mg/kg；氟氰戊菊酯（红茶）≤20mg/kg；溴氰菊酯≤10mg/kg；顺式氰戊菊酯≤2mg/kg；乙酰甲胺磷≤0.1mg/kg；杀螟硫磷≤0.5mg/kg。

三、茶叶审评标准

（1）《茶叶感官审评方法》：规定了茶叶感官审评的设备、用水、取样、冲泡方法、审评项目、审评因子、审评记分、结果评定等。

（2）《茶叶感官审评术语》：规定了评茶的术语与定义。

第四节 审评的方法

茶叶审评一般分干茶审评和冲泡审评，俗称干看和湿看、干评和湿评，其中湿评内质为审评的重点。具体内容包括茶叶的条索、整碎、净度、色泽、汤色、香气、滋味和叶底八项，统称"八项因子"。

一、审评的基本步骤

茶叶感官审评的基本步骤为：取样—分样—称样—干评外形—冲泡—湿评内质（闻香气—看汤色—尝滋味—辨叶底）—综合评定（记分、下评语）。

（一）取样

从一批或数批茶叶中取出有代表性的样品供审评使用。一般为检验所需量的 2 倍，平均分为 2 份，一份供审评用，另一份作为备样。审评毛茶需 250 ～ 500g，精茶需 200 ～ 250g。国家标准《茶取样》（GB8302—1987）规定的茶叶取样数量见表 3—3。

表3—3 《茶取样》（GB8302—1987）规定的取样件数

被检件数	应抽样件数
1 ～ 5	1
6 ～ 50	2
50 ～ 500	每增加 50 件增取 1 件
500 ～ 1 000	每增加 50 件增取 1 件
＞ 1 000	每增加 500 件增取 1 件

设 1 件包装件的茶总数量为 N，欲取样件数为 n，$N/n=r$（如果 N/n 不是整数，便取 r 值的整数部分）。取样时可从任何一包装件开始，每隔（$r-1$）件取 1 件样品，直至全部取出为止。

（二）分样

一般分为均匀分样法和对角分法。

均匀分样法：取两个分样盘，把茶叶轻轻从一个样盘倾倒到另一个样盘，来回倾倒数次，使上、中、下层茶叶均匀，再审评茶叶外形。

对角分法：审评时，把茶样倒入样盘中，用回旋筛转的方法使盘中茶叶分出上、中、下三层，粗长的在上层，中等的在中层，碎茶和片末在下层，对角取茶，即可进入下一个步骤。

（三）称样

从均匀分布的茶叶中用手轻抓茶叶放到样茶秤上称取。撮取茶样时，大拇指张开，食指与中指并拢，从样茶堆的底部由堆面向堆中间抓取，要求上、中、下三层均匀撮取。

（四）干评外形

审评茶叶外形，主要从茶叶的条索、整碎、色泽、净度等方面来评定。

1.条索

评比松紧、粗细、圆扁、轻重、叶子老嫩等。

2.整碎

评比茶叶完整程度。茶叶形状完整均匀、手感较重、符合此类茶特点的为好；反之，碎末、叶片较多，手感轻飘的为差。

3.色泽

评比干茶的色调、润枯、新陈等。

4.净度

评比茶叶中黄片、茶梗、茶花、茶籽、茶类夹杂物和非茶物质的含量。干茶以干净、不含杂物或含量少的为好。

分样

称样

评外形

审评杯碗洁具

（五）冲泡

泡茶，是湿评内质的关键环节。茶叶与水的比例：绿茶、红茶、黄茶、白茶、黑茶（包括紧压茶）与水的比例为 1∶50，即 3g 茶 150ml 水或 7g 茶 350ml 水，冲泡时间为 5min；青茶与水的比例为 1∶22，即 5g 茶 110ml 水，一般冲泡 3 次，其中头泡为 2min，第二泡为 3min，第三泡为 5min。

先洁具，再将审评杯碗按号码次序排列在湿评台上，把称好的茶样投入审评杯内（杯盖放到审评碗内），

乌龙茶审评杯碗洁具

投茶

冲泡

计时

沥汤

用慢、快、慢的手法冲入100℃的开水，直至齐杯的锯齿缺口处为满杯，随即加上杯盖，盖孔朝向杯柄。冲泡从低级茶泡起，第一杯起即计时，时间到后，按冲泡次序将杯内茶汤滤入相应的审评碗内。倒茶汤时，杯应卧搁在碗口上，直到残余茶汁完全滤尽。

（六）湿评内质

茶叶的香气、汤色、滋味是决定其品质优劣的关键因素。

1.闻香气

闻香气的主要内容是闻茶叶香气的类型、香气的高低以及香气的长短。冲泡后应先闻香气，再看汤色。（绿茶审评时应先看汤色再闻香气。）茶叶经过冲泡，内含的芳香物质遇热得以挥发，经过人体嗅觉神经的辨识，出现了各种类型的香味。

闻香气的方法：端取已倒出茶汤的审评杯，双手配合半揭开杯盖，靠近杯沿用鼻轻闻，闻香一般要2～3次，每次最好2～3s，过多过长时间闻香，人的嗅觉就会变得迟钝，最终导致审评有误差。每次嗅评都应将杯内叶底抖动翻个身，在未评定香气前，杯盖不得打开。

热闻香气

冷闻香气

审评香气应以热嗅、温嗅、冷嗅相结合进行。热嗅要在茶汤刚倒出来时进行，主要辨别香气类型、高低及香气正常与否。温嗅辨别香气的优次。冷嗅是在叶底已冷却的情况下进行，主要了解香气的长短。

2. 看汤色

看汤色审评的是茶汤的深浅、明暗、清浊程度。汤色主要反映茶叶品质的高低。由于茶叶中的多酚类物质与空气接触后很容易氧化变色，所以审评汤色时要快，看汤色与闻香气经常要交替进行，辨认茶汤颜色是否正常，是否与茶类特征相符合。茶汤颜色除与茶树品种和鲜叶老嫩有关外，还与制作工艺密切相关。所以我们要了解和学习茶叶的制作工艺。

3. 尝滋味

尝滋味审评的是滋味的浓淡、厚薄、醇涩、异杂等。茶叶滋味的好坏是茶品质高低的关键。

尝滋味时，注意舌头的姿态、力度，茶汤的温度、容量和辨别的时间三方面的重要因素。这三方面的因素都会影响到滋味的审评。

舌的不同部位对滋味的感觉并不相同，舌中对鲜味和涩味最敏感，舌尖对甜味最敏感，舌根对苦味最敏感，舌缘两侧对酸味最敏感，介于舌缘两侧与舌尖中间对咸味最敏感。尝滋味时舌头的常见用法为：舌尖顶住上层齿根，唇微张，舌稍向上抬，使汤摊在舌的中部，再用口慢慢吸入空气，茶汤在舌上微微滚动，连吸 2 次气后，可辨出滋味。吸茶汤要自然，力度不宜过大，速度亦不宜过快，否则可能会吸入齿间隙的食物残渣，影响审评。

适合审评的茶汤温度是 45℃～55℃，如高于 70℃

搅拌沉淀物

看汤色

尝滋味

① ② ③ ④

辨叶底

会感到烫嘴，低于40℃会感到汤涩味钝。

尝滋味时间一般为 3 ～ 4s，约等于茶汤在舌中部回旋 2 次的时间，一般需尝味 2 ～ 3 次。审评滋味特别浓烈的茶后，应用温开水漱口方可再继续。

4. 辨叶底

辨叶底审评的是浸泡叶的老嫩、匀整度、色泽和明暗。简单来讲是指分辨茶叶经冲泡后留下的茶渣。辨叶底时主要靠视觉和触觉来评定茶叶的品质优劣。除眼睛辨认外，还可用手按压、抓起叶底来评定。

（七）综合评定

1. 记分

根据茶叶品质给出一个评定的分数。通常采用百分制，但不给满分。如品质优良的为甲等，给 94±4 分；品质有缺陷的为乙等，给 84±4 分；品质有明显缺陷的为丙等，给 74±4 分；品质次劣为丁等，据次劣程度给 50 ～ 60 分。审评的每个

综合评定

项目都分别计分，再分别与相应的品质系数相乘，所得结果为该项目实际得分，每个项目实际得分之和就是所评茶叶的总分。

2. 下评语

在审评表中的各个项目格写下用以表达茶叶特性和品质的专门用语。评语的内容一般有两类：一是表示品质优点的褒义词，如外形的细紧、细嫩、重实、匀齐等；二是表示品质缺点的贬义词，如外形的粗松、短碎、花杂等。专业术语在后面一节会有详细讲解。

二、各类茶的审评方法

（一）通用感官审评方法

即审评绿茶、红茶、黄茶、白茶和黑茶等时采用的通用感官审评方法，亦名仲裁法。

1. 外形审评

用分样器或四分法从待检样品中分取代表性试样100～150g置于评茶盘中，将评茶盘运转数次，使试样按粗细、大小顺序分层后，审评外形。对紧压茶，先审评整块茶的外观，再用分解工具解块，分取试样100～150g，置于评茶盘中，审评其内部茶叶状况。

2. 内质审评

称取评茶盘中混匀的试样3g置于评茶杯中，注满沸水，加盖，冲泡5min后将茶汤沥入评茶碗中，一次性审评汤色、香气（评茶杯中）和滋味，最后将评茶杯中的茶渣翻置于评茶杯上的杯盖或叶底盘中，检视其叶底。

（二）花茶双杯审评方法

其外形审评同通用感官审评方法中的外形审评。

内质审评时分别称取 3g 茶样 2 份，剔除花干，置于两只评茶杯中，注满沸水，加盖。一杯冲泡 3min 后，将茶汤沥入评茶碗中，审评香气的鲜灵度和汤色；另一杯的审评操作同通用感官审评方法中的内质审评，其中香气审评侧重浓度和纯度。

（三）乌龙茶盖碗审评方法

其外形审评同通用感官审评方法中的外形审评。

内质审评时秤取 5g 茶样置于 110ml 钟形杯中，以沸水冲泡，加盖，审评冲泡 3 次，冲泡时间分别为 2min、3min、5min。每次均应在茶汤未沥出评茶碗中时，嗅闻杯盖内侧附着的香气，其余的审评操作同通用感官审评方法中的内质审评，以第二次冲泡审评的结果为主要评价依据。

（四）袋泡茶审评方法

其外形审评仅对茶袋的滤纸质量和茶袋的包装状况进行审评。

内质审评时，取一整袋茶置于评茶杯中，注满沸水并加盖，冲泡 3min 后上下提动两次（每分钟一次），至 5min 时将茶汤沥入评茶碗中，依次审评汤色、香气和滋味。叶底审评袋泡茶的完整性，必要时检视茶渣的色泽和均匀度。

（五）速溶茶审评方法

取 5～10g 茶样审评外形，再迅速称取 0.75g 速溶茶茶样 2 份，分别置于透明玻璃杯中，用 150ml 冷水和沸水冲泡，依次审评茶叶的速溶性、汤色、香气和滋味。

（六）液体茶审评方法

液体茶审评液温为 25℃～ 30℃（必要时加热），依次审评汤色、香气和滋味。

三、评分

（一）评分方法

茶叶感官审评评分方法为：每一审评因子按百分制分别记分，再将所得分数与该因子的评分系数相乘，最后将各个乘积值相加，即为审评总得分。计算公式如下：

$$X=A \times a+B \times b+C \times c+D \times d+E \times e$$

公式中：

X——茶叶审评总得分；

A——外形评分；

a——外形评分系数（%）；

B——汤色评分；

b——汤色评分系数（%）；

C——香气评分；

c——香气评分系数（%）；

D——滋味评分；

d——滋味评分系数（%）；

E——叶底评分；

e——叶底评分系数（%）。

（二）评分系数

各茶类评分系数见表3—4。

表3—4　　　　　各茶类评分系数（%）

茶类	外形	汤色	香气	滋味	叶底
名优绿茶	30	10	25	25	10
普通绿茶	20	10	30	30	10
工夫红茶	30	10	25	25	10
红碎茶	10	15	30	35	10
乌龙茶	15	10	35	30	10
黄茶	30	10	20	30	10
白茶	20	10	30	30	10
黑茶	30	10	20	25	15
花茶	25	5	35	30	5
袋泡茶	—	30	30	35	5
速溶茶	10	25	20	35	10
液体茶	—	35	30	35	—

第五节　审评专业术语

审评专业术语是记述茶叶品质感官检定结果的专业性用语，简称评语。

一、外形评语

（一）外形形状评语

显毫　芽叶上的白色茸毛，芽尖含量高，毫色有金黄、银白、灰白等。

细嫩、细紧　芽头多，锋苗显露，条索好，多为独芽或一芽一二叶。

紧秀　嫩度好，条细而紧、秀长。

身骨　叶质老嫩，叶肉厚薄，茶身轻重。

紧实　条索揉紧较圆直，有锋苗，身骨重实。

壮实　条索肥硕，芽壮茎粗，叶肉厚实，卷紧饱满而结实。

粗壮　条索粗而壮实，尚能卷紧。

粗松、粗老　原料粗老，叶质老硬，条索空散，表面粗糙，有轻飘感，多为下档茶的外形。

圆浑、圆直　条索圆而紧结，不扁不曲或圆而挺直。

卷曲　条形捻卷似螺状。

勾曲、弯曲　条索不直带弓形或钩状，俗称耳环。

滚圆　颗粒如豌豆或珍珠状，圆而重。

圆整　颗粒圆而整齐。

雨身　指圆茶中夹有条形茶，亦称长身。

圆块　形如饼，圆而扁，圆茶未成形而压扁。

团块　俗称茶乌龟，指茶叶解块不好，芽叶缠在一起。

光滑、光洁　茶叶质地重实，在盘中回旋流利，难于聚集。

光扁　形状扁直、坦平，多用于形容中档龙井茶和高档旗枪茶。

扁平　形状扁直、坦平，多用于形容中、低档龙井茶，高、中档旗枪、大方茶。

挺直　坚实有力，形状平扁不弯曲。

颗粒状　碎形茶要求颗粒紧结匀正，身骨重实含毫尖，净度好。

片状　颗粒卷得不紧，呈片状。

末状　细小呈粉末状。

匀齐、匀整　指上、中、下三段茶的大小、粗细、长短、轻重相近，拼配适当，无脱档现象。匀称、匀净与此义同，匀净还指老嫩整齐，无茎梗和夹杂物。

脱档　条形茶的面张长大，下段茶少，称为脱档或脱节。

破口　茶条两端的断口粗糙而不光滑。

松泡　形大质轻，紧度很差。

红梗红叶　叶片、叶梗呈红色，杀青温度不够或闷坏的缘故。

筋皮　茶梗和嫩茎揉碎的皮。

露梗　红茶中有红梗，绿茶有黄梗或红梗。

（二）外形色泽评语

1. 绿茶外形色泽评语

（1）名优绿茶外形色泽评语：

翠绿　青中发绿，有光泽；或色如翡翠，有光泽。

绿润　色鲜绿，富有光泽。

墨绿　深绿泛黑色而光润，上品珠茶有此色泽。

苍绿　深绿色或青绿色而光润。

银灰绿　表面灰白如银，似上霜，多形容高级眉茶。

黄绿　绿中带黄，以绿为主，优质龙井有此色泽。

（2）劣质绿茶外形色泽评语：

暗绿　色深绿显暗，无光泽。

枯黄　鲜叶老，制工差，色黄而枯燥。

灰黄　鲜叶老，制工差，色黄带灰，无光泽。

灰暗　似陈茶色，色深暗带死灰色。干度不足、保管不善或经太阳晒的毛茶有此光泽。

灰褐　鲜叶老，不新鲜或制工不当，色褐发灰。

黄头　制工不当或嫩度差的珠茶，颗粒色泽露黄。

碧螺春干茶

龙井干茶

露黄　指含有少量黄片，如黄头茶。

2. 红茶外形色泽评语

（1）优质红茶外形色泽评语：

乌润　色黑而光润，嫩度高、制工好的红茶色泽。

黑褐　色黑而褐，色油润，有光泽。

栗褐　色似成熟板栗壳色，有光泽。

金黄色毫尖　色光亮似橙黄色，制工精细，带有大量茸毫的嫩芽的高档茶。

显毫　指金黄色毫尖多的高档茶。

（2）劣质红茶外形色泽评语：

灰枯　灰红而无光泽。用于红碎茶，亦称灰暗。

枯红　色红而枯燥，叶老露筋。

花杂　叶色不一，老嫩不一，色泽杂乱。

3. 乌龙茶（青茶）外形色泽评语

（1）优质乌龙茶外形色泽评语：

砂绿　青茶做青适当，如蛙皮绿而油润。

青褐　色泽青褐带灰光，又称宝光。

鳝皮色（黄）　砂绿蜜黄似鳝鱼皮色。

蛤蟆背色　叶背起蛙皮状砂粒白点。

乌润　近似红茶，但会拌有深浅不同的色泽（青褐、栗褐、栗色）为其特色。

三节色　茶条呈现的色泽，尾部呈砂绿色（有的呈蜜黄），中部呈乌色，头部淡红色，故称三节色。

（2）劣质乌龙茶外形色泽评语：

枯燥、乌燥、褐燥　叶质粗老或做青不当的成品茶和夏暑茶常有此色泽。陈茶的外形色泽通常也较乌燥。

滇红干茶

正山小种干茶

祁门红茶干茶

黄金桂干茶

单丛干茶

大红袍干茶

白牡丹干茶

生普干茶

4. 白茶外形色泽评语

（1）优质白茶外形色泽评语：

银芽绿叶、白底绿面　用于毫心和叶背银白茸毛显露、叶面为灰绿色的优质白茶。

翠绿　翠玉色，有光泽。

灰绿　绿中带灰。属正常色泽。

（2）劣质白茶外形色泽评语：

墨绿　深绿而少光泽。

铁板色　因萎凋过度色泽深红而暗，似铁锈色，无光泽。

草绿色　多见于粗老叶、萎凋不足过早烘焙制成的白茶。

5. 黑茶外形色泽评语

猪肝色　红而带暗，似猪肝颜色，为金尖或熟普正常色泽。

黑褐　褐中泛黑，为黑砖色泽。

乌黑　乌黑而油润，为黑砖色泽。

黑润　色黑而深，似有油光而发亮。

棕褐　棕黄带褐，为康砖色泽。

青黄　黄中泛青，为新茯砖色泽。

铁黑色　色黑似铁，为湘尖正常色泽。

青黑色润　黑中隐青而油润，为沱茶正常色泽。

黄褐　褐中显黄，是茯砖的色泽。砖中灰绿曲霉菌呈黄色，黄色越显，发花茂盛为佳，少的为次，无菌者为不合规格，有青色、绿色、黑色杂菌者亦不合规格。

二、香气评语

（一）绿茶香气评语

高爽持久（高长）　茶香充沛持久，浓郁高爽而有强烈的刺激性，余香持久。

鲜浓　香气浓而鲜爽持久。

鲜嫩　香高而细，新鲜悦鼻，为芽叶细嫩、制工良好的茶叶的一种特殊香气。

浓烈　香气浓而持久，具有强烈的刺激性。

清香　香气不强烈，但清纯柔和，嗅之令人心旷神怡，嫩采现制的茶有此香气。

幽香　香气缓慢而持久，幽雅文气，近似花香，但又不能确指哪种花香的，可用幽香表示。

（二）红茶香气评语

鲜爽　香气新鲜、活泼，嗅之感到有充沛的生气和活力。

鲜甜　鲜爽带有甜香，工夫红茶常有此香气。

高甜　香气带糖的甜香，持久不散，多指高档工夫红茶。

甜纯　香气有甜味，柔和纯正。

高香　香高持久，高山茶或秋冬干燥季节的茶，常有高香且细腻的香气。

强烈　香感浓郁持久，有充沛的活力，高档红碎茶应具有此香气。

浓、鲜浓　红碎茶香气饱满，但无鲜爽的特点称为浓；兼有鲜爽浓烈的香气称为鲜浓。

花果香　类似各种新鲜花果的香气，多在秋冬季节

制工优良的红碎茶才有此香气。

（三）乌龙茶香气评语

音韵、岩韵 指某种特殊品种的香味特征。音韵形容铁观音的香气，岩韵形容武夷岩茶的香气。

浓郁、馥郁 带有浓郁持久的特殊花香，称为浓郁；比浓郁香气更幽雅的，称为馥郁。

浓烈、强烈 无明显花香，但香气高且浓烈，闻之令人愉快。

清高 香气清长，但不浓郁。

清香、清细 香气清长且细腻。

甜长 香气带味且持久。

（四）花茶香气评语

鲜、鲜灵 香气新鲜持久、活泼生动，有一定浓度。

浓 指花茶的耐泡率。一般窨花次多，下花量多的浓度就高，反之则低。故三窨者可达三泡，二窨者可达二泡，一窨者只有一泡。花茶审评时特级、三级以上要三泡，三级以下只要一泡。

纯 指花香、茶香的纯正度，没带其他杂味。

透底 为了提高花茶浓度，常用鲜玉兰花进行"调香"打底，把茉莉香带起来以增加浓度，但要求达到浓不透底，如打底过重，就透了"底"，即玉兰花香突出，使花香浓浊刺鼻而不协调。

（五）黑茶香气评语

樟香 类似樟木香气，为保存得当的上品陈年普洱香气评语。

陈香　为保存得较好、年份长、香气纯正的普洱香气评语。

鲜爽　为当年生普香气评语。

烟熏味　生普干燥时熏进茶叶内的味道。

碱水味　多为熟普的味道。

陈味　有一定年份，但香气不够。

霉味　受潮或保存不当所产生的气味。

咸鱼味　类似咸鱼味道，多见于湿普。

（六）各类茶通用香气评语

平正、平和、平淡　香气稀薄，热闻时略有茶香，冷闻则若有若无，但无粗老气或杂气。

纯正、纯和　香气纯净而不高不低，无异杂气味。

钝浊　气味有一定浓度，但滞钝，令人觉得不快。

粗淡、粗老气　香气粗糙且低，多为原料粗老之故。

低微　香气低，但无粗气，热闻稍有感觉，再闻几乎没有。

低沉　香气低且有沉闷气。

青气、老青气　似鲜叶的青嗅气味，绿茶杀青不透不匀，乌龙茶、红茶发酵不均，存青气。

浊气　香气夹有其他气味，有沉浊不爽之感。

高火　干燥湿度较高，火温尚可且时间长，干度十分充足所产生的高火气，工夫红茶的高火茶有的带"焦糖香"。

老火、焦气　制茶中火温或操作不当所致，轻微的焦茶气息称老火；严重的称焦气。

闷气　有令人不快的熟闷气。

异气　焦、烟、馊、酸、陈、霉、油气、木气、铁

龙井汤色

碧螺春汤色

滇红汤色

正山小种汤色

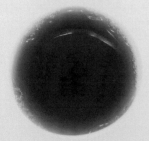

祁门红茶汤色

腥气或其他劣异气味。一般要指明具体属哪种异气。

三、汤色评语

（一）绿茶汤色评语

1.名优绿茶汤色评语

绿艳　似翠绿而微黄，清澈鲜艳，浅绿鲜亮，为我国特种绿茶的汤色。

黄绿　绿中微黄，似半成熟的橙子色泽，故又称橙绿。浅黄绿为我国特种绿茶的汤色。

绿黄　绿中黄多的汤色。浅绿黄为我国特种绿茶的汤色。

浅黄、淡黄　汤色黄而浅，物质欠丰富之故。浅黄清澈为好的绿茶。

2.劣质绿茶汤色评语

橙黄　汤色黄中微带红，似橙色或橘黄色，白茶也常见清澈的橙黄色。

橙色　汤色红中带黄似橘红色。

深黄、暗黄　汤色黄而深、无光泽。白茶也有此汤色。

青暗　汤色泛青，无光泽。

混暗、混浊　汤色混而暗，沉淀物多，混而不清，难见碗底。

红汤　褐色变红，失去了绿茶应有汤色。

黄汤　绿茶汤色过黄而无绿色。

（二）红茶汤色评语

1.优质红茶汤色评语

红艳　似琥珀色而镶金边的汤色，清澈艳丽。

红亮、红明　汤色不甚浓，红且透明有光泽，称为红亮；透明略少光彩称为红明。

深红、深浓　红而深，缺乏明鲜光彩。

冷后浑、乳凝　汤浓，冷却后出现浅褐色或橙色乳状的浑汤现象。

姜黄　红碎茶茶汤加牛奶后，汤色姜黄明亮，浓厚丰满，是汤质浓、品质好的一种标志。

棕红、粉红　红碎茶汤加牛奶后，汤色呈棕红明亮，类似咖啡色的称为棕红；粉红明亮似玫瑰色称为粉红。

2.劣质红茶汤色评语

红淡　汤色红而浅淡。

深暗、红暗　汤色深红而暗，略呈黑色。红茶发酵过度、贮存过久、品质陈化，常有此色。

浑浊　汤色不论深或浅，内中沉淀物多混浊，不易见底。

昏暗　汤色不明亮，但无悬浮物。

灰白　指红碎茶汤加牛奶后，呈灰暗混浊的乳白色，是汤质薄的标志。

黄金桂汤色

（三）乌龙茶汤色评语

1.优质乌龙茶汤色评语

金黄　茶汤清澈，以黄为主，带橙色。依其色泽程度又分为深金黄色和浅金黄色。

橙黄清亮　汤色橙黄，清澈明亮。

橙红　汤色橙黄中泛红色，清澈明亮。

清黄　汤色黄而清澈。

单丛汤色

大红袍汤色

67

生普汤色

熟普汤色

2. 劣质乌龙茶汤色评语

红汤　常见于陈茶或烘焙过度的茶，其汤色有浅红色或暗红色。

混浊　汤色沉淀物多，混而不清。

昏暗　汤色不明亮。

（四）黑茶汤色评语

橙红　汤色橙黄中泛红色，为优质黑茶汤色评语。

橙黄　汤色橙黄，清澈明亮。

红褐　红亮中带褐色，清澈明亮者为佳。

棕褐　棕红中带褐色，砖茶常有此色。

棕红　红中带浅棕色。

黄明　汤色金黄，明亮度好。生普常有此色。

棕黄　橙黄中带棕色。

深红　红而深，浓而稠者为上佳。

暗红　汤色红，无光泽。

四、滋味评语

（一）绿茶滋味评语

1. 优质绿茶滋味评语

浓烈　茶汤入口时有苦涩味，旋即味浓而不苦，收敛性强，回味甘爽。一般高级炒青绿茶或眉茶具有浓烈滋味。

鲜浓、鲜厚　"鲜"表示鲜洁爽口，似吃新鲜水果的感觉。"浓"、"厚"指茶汤可溶物质丰富，口味浓厚，喉味爽，含香有活力。

鲜爽　鲜洁爽口，有活力，但浓度比鲜浓低些。

回甘　茶汤入口，先微苦后回甜，亦称收敛性强。

2. 劣质绿茶滋味评语

平淡　味清淡但正常，尚适口，无杂异、粗老味。

熟闷　虽是嫩茶，但杀青温度过低、炒干时间长、温度低、含水量高，或贮存过久、不当，犹如青菜煮黄，滋味熟软、低闷不快。

苦涩　味虽浓但不鲜不爽，茶汤入口，味觉麻木。

水味　干茶受潮，或干度不足，滋味清淡不纯，软弱无力。

异味　烟、焦、酸、馊、霉、陈等劣质不纯滋味。

（二）红茶滋味评语

1. 优质红茶滋味评语

浓强　浓为物质丰富，茶汤入口浓厚，刺激性强，有粘舌紧口之感。

鲜浓　鲜快爽适，浓厚而富刺激性。

甜浓、甜厚　有新鲜甜厚之感。稍次用"甜醇"表示。

鲜爽　新鲜爽口，充满活力。

爽口　有一定程度的刺激性，但不苦不涩。

活泼　鲜爽有活力，具有一定刺激性。

2. 劣质红茶滋味评语

苦涩　味虽浓但不鲜不爽，茶汤入口后味觉麻木。

平淡　味清淡但正常，尚适口，无异味。

软弱　味淡薄软，无活力，收敛性微弱。

纯正、纯和　滋味较淡，但属正常，缺乏鲜爽。

味钝　滋味缺乏鲜爽度，口感不快。

（三）乌龙茶滋味评语

1.优质乌龙茶滋味评语

浓厚、浓醇　茶汤溶质丰富，味浓而不涩，纯而不淡，浓醇适口，回味清甘。

鲜爽、鲜甜、甜鲜　汤味新鲜，入口爽适，且有甜感。

醇厚　浓纯可口，回味略甜。熟香型乌龙茶常有此味。

醇和　味清爽带甜，鲜味不足，刺激性不强。

2.劣质乌龙茶滋味评语

粗浓、粗浊　味粗而浓或粗而浊，茶汤入口，味粗老辣舌，有不快之感。多见于粗老茶汤之味的评语。

青涩　雨天未进行晒青或做青不足、干燥不足所至。

平淡　味清淡且正常，尚适口，无异味。

水味　干茶受潮，或干度不足，滋味清淡不纯，软弱无力。

（四）黑茶滋味评语

醇厚回甘　汤味浓，有厚度，回味爽或略甜。

醇和回甘　汤味尚浓，无粗老味，回味略甜。

稀薄无力　滋味薄软，口感无力。

粗糙平淡　滋味淡薄滞钝，喉味粗糙，为低级茶或老梗茶的滋味。

五、叶底评语

（一）绿茶叶底评语

1.优质绿茶叶底评语

翠绿　色如青梅，鲜亮悦目，是高级新茶的颜色。

嫩绿　绿色带淡奶油色且鲜艳，即通常所说的"苹果绿"。

绿嫩　叶色翠绿鲜艳，叶质细嫩。

嫩黄　色绿中带黄，亮度尚好。

青绿　如西瓜的淡墨绿色，嫩度稍差，但叶肉较厚。

2.劣质绿茶叶底评语

暗绿　绿色暗，无光泽，陈茶多此色。

暗黄　黄中带点青黑，多属原料粗老之故。

青张　叶底夹杂生青叶片。

黄褐　褐色带黄，无光泽，为变质茶。

靛青　叶底呈绿，由花青素含量高的紫叶制成，常
为苦涩味茶。

青暗　叶底深青而暗。

花杂　老嫩掺杂，色泽混杂不匀，青张、红梗、红
筋、黄叶都有。

碧螺春叶底

龙井叶底

（二）红茶叶底评语

1.优质红茶叶底评语

红艳　芽叶细嫩，发酵适度，颜色红润，鲜明悦
目，滇红工夫有此品质。

紫铜色　茶树生长条件优越，鲜叶制工好的红碎茶
之叶底色泽。

红亮　色泽红亮而泛艳丽之感，是良好红茶叶色。

2.劣质红茶叶底评语

深红　发酵较老，色深红略暗。

红暗　红显暗，无光泽。

乌暗　叶片如猪肝色或黑褐、青暗，是发酵不良的
红茶色泽。如整片叶色如此，即称"乌张"；叶色如此
又不开展称"乌条"。

滇红叶底

祁门红茶叶底

正山小种叶底

黄金桂叶底

单丛叶底

大红袍叶底

生普叶底

熟普叶底

花青　叶底色泽不调和、老嫩不一致，红里夹青。但对叶底明亮的红碎茶来说略带花青，品质不一定坏。

（三）乌龙茶叶底评语

1.优质乌龙茶叶底评语

绿叶红镶边　叶片边缘朱红或起红点，鲜艳明亮，中央呈浅黄绿色或青色，透明，是做青好的乌龙茶。

柔软、软亮　鲜叶采摘及时，叶质柔软称为"柔软"；叶色发亮有光泽称为"软亮"。

匀整、均匀　指叶底老嫩一致，叶色均匀。

肥厚　芽叶肥壮，叶肉厚质软，叶脉隐现。

2.劣质乌龙茶叶底评语

青张　整片叶底呈青色。

暗张、死张　叶张发红，夹杂暗红叶片为"暗张"；夹杂死红叶片为"死张"。

（四）各类茶叶叶底通用评语

油润　叶片色泽明亮光润。

乌润　叶子色黑，光泽度好。多见于发酵适度的黑茶。

柔嫩、柔软　芽叶细嫩，叶质柔软，光泽好，称为"柔嫩"；嫩度稍差，质地柔软，手指按之如绵，揿后服贴盘底，无弹性，不易松起，称为"柔软"。

瘦薄、飘薄　芽小叶薄，瘦薄无肉，质硬、叶脉显现。

粗老　叶质粗大且硬，叶脉隆起，手指按之粗糙，无弹性。

单张、单瓣　即脱茎的独瓣叶子。

短碎 毛茶经精制大都断成半叶，短碎是指比半叶更碎小而适合于要求叶片甚少的情况而言，或称"破碎"。

开展、摊张 冲泡后，卷紧的干茶吸水膨胀而展开成片形，且有柔软感的称为"开展"，而老叶摊开称为"摊张"。

卷缩 冲泡后，叶底不开展，仍卷缩有条形卷的称为"卷缩"。头泡不开展，这对珠茶、贡熙来说是好的表现。但对工夫红茶和眉茶、特种绿茶来说是不好的现象，多见于"老火茶"。

硬杂 叶质粗老而驳杂。

硬挺 叶脉硬化，按后叶张很快恢复原状。

焦斑、焦条 叶面、叶张边缘有局部或全部黑色或黄色烧伤斑痕。黑色焦斑是杀青产生的，而黄色焦斑是炒干时产生的。局部为"焦斑"；全部烧坏为"焦条"。

枯暗 叶色暗沉无光泽，陈茶叶底多数如此。

知识目标
· 了解茶艺的基本概念。
· 学习茶艺礼仪。
· 了解泡茶用具。
· 学习茶艺表演。

能力目标
· 能熟练掌握茶艺礼仪。
· 能熟练掌握泡茶用具的用法。
· 能熟练掌握几种泡茶技法。
· 能创编一套茶艺表演。

推荐阅读
· 丁以寿、章传政:《中华茶文化》,中华书局,2012。

茶艺及茶叶的冲泡

第四章

第一节　茶艺概述

一、茶艺的含义

早在中国古代就出现了茶艺，并逐步形成一个完整的体系。"茶艺"一词于 20 世纪 70 年代在台湾出现并被广泛应用。①

"茶艺"定义可以分为广义的"茶艺"和狭义的"茶艺"。

广义的茶艺分为三个层次，一是茶技，二是茶艺，三是茶道。茶技，就是生产、种植、经营茶叶的技术、技巧；茶艺，就是将品茶艺术化，在茶技的基础上上升一个层次；茶道，就是品茶悟道，上升为一种精神境界。

狭义的茶艺，是指泡茶和饮茶的艺术技巧。泡茶的艺术技巧，包括茶叶的选择、器具的配备、用水的选择、环境的布置、火候的把握和泡茶程式。而饮茶的艺术技巧则是对茶的"八项因子"的鉴赏和品尝，包括：茶叶的形状、色泽、匀整度和净度，以及冲泡后的汤色、香气、滋味和叶底。

简单地说，茶艺是"茶"和"艺"的有机结合，是泡茶和饮茶的技巧的体现；即茶艺是茶人把人们日常饮茶的习惯，通过艺术加工，向饮茶者和宾客展现茶的品饮过程中选茶、备具、冲泡、品饮、鉴赏等的技巧，并把日常的泡茶、饮茶技巧引向艺术化，提升品饮的境界，赋予茶以更强的灵性和美感。

茶叶的种植

绿茶茶艺

① 1977 年，著名民俗学家娄子匡教授等茶叶爱好者，提出了"茶艺"一词，用以表述茶叶泡饮过程及程序。第一，以区别于日本的"茶道"；第二，"茶道"一词过于严肃，一时难以被民众普遍接受。

以下述评，主要围绕"品饮演示茶艺"展开。

二、茶艺的分类

按时间分类，可分为古代茶艺和现代茶艺。

按形式分类，可分为表演型茶艺和生活型茶艺。

按生活方式分类，可分为宫廷茶艺、官府茶艺、民族茶艺。

按宗教分类，可分为禅茶、道家茶以及文士茶艺等。

三、学习茶艺的意义

（一）强身健体

"神农尝百草，日遇七十二毒，得茶而解之。"可

表演型茶艺

生活型茶艺

禅茶

见，茶是有保健作用的，茶叶里面含有茶多酚、咖啡因、矿物质以及维生素等多种对人体健康有益的成分。养成饮茶的习惯能使人清心提神，身体健康。

（二）净化心灵

宋苏东坡曾誉"从来佳茗似佳人"，茶与人往往被相提并论。

茶作为一种供人们使用的物质，不管是药用、食用还是饮用，除能满足人们的物质需求外，还可让人体味"和、俭、静、寂"的茶艺精神，随着学习的深入，便可净化人的心灵。

（三）拓宽职业道路

茶艺师，作为一种新型的职业，已被列入《中华人民共和国职业分类大典》。学习茶艺，可以作为职业生涯中一个重要的开端，为职业选择多铺一条道路。

第二节　茶艺礼仪

一、礼仪的重要性

（一）什么是礼仪

"礼"在字典上的解释是：社会生活中由于风俗习惯而形成的为大家共同遵守的仪式。"仪"是人的外表、举止。简单地说，"礼仪"就是人们在社会交往中约定俗成的仪式。

（二）礼仪在茶艺中的重要性

我国素有"礼仪之邦"的美誉。茶艺礼仪在礼仪文化中尤为重要，如"客来敬茶"、"端茶送客"、"茶有七分满，留有三分情谊"等。茶艺师在从事茶事活动之前要先掌握好茶艺礼仪，一方面表示对茶艺的尊重，另一方面可以练好自己的茶艺基本功。

二、茶艺中的礼仪

（一）发型

作为茶艺师，发型要求很严格，应大方、典雅、朴素、整洁、舒适。茶艺表演中，首先，发型设计要和表演者的脸型匹配；其次，要和当时的场景、茶席搭配自然；最后，如果几个人一起表演，发型要求尽量统一，以免给人造成凌乱感。总的来说，要注意以下两点：第一，头发不能有异味、头屑。第二，男士不要留长发，不要染发，两耳要外露，后面的头发不要触及衣领；女士的头发不要遮住眼睛或脸庞，不要梳过于时髦或繁杂的发型。

（二）服饰

服饰在茶艺中亦是很讲究的。茶艺表演中，男士一般穿唐装、长袍、中山装；女士一般穿旗袍、汉服。服装颜色、式样要和所冲泡的茶叶、当时的环境、茶席协调。服装应与饰品搭配协调：不要佩戴式样夸张、庸俗的饰物，耳环、戒指、项链宜小巧精致，不要过于碍眼，手腕可戴玉镯，不能戴手表。

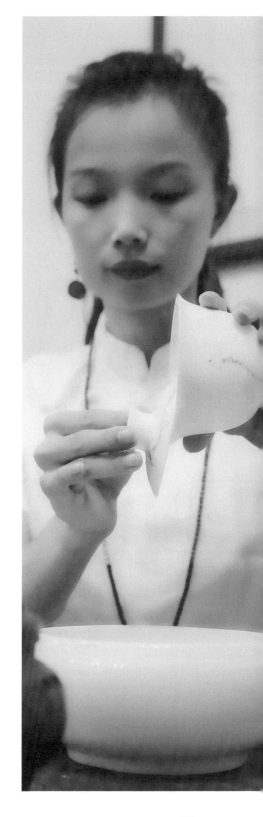

（三）仪容仪表

茶艺师不一定要长得很漂亮或很俊俏，魅力来源于气质。一般而言，脸部要保持洁净，不要化浓妆，洒香水以清新自然为宜。泡茶前不要吃有强烈挥发性气味的食物。应容貌精神，大方端庄，朴素典雅，举止温文雅尔，表情平和，常有笑意。

（四）礼节

1. 出场

上身挺直，目光平视，面带笑意，肩膀放松，手臂自然前后摆动，手指自然弯曲，跨步脚印为一条直线，亦可手执茶器物件（如香炉）出场；转弯时，向右转则右脚先行，反之亦然。

2. 侍站

站姿坚持四字原则"松、挺、收、提"。"松"是两肩放松，脸带微笑，平视前方。"挺"是挺胸，不能驼背。"收"是收腹，女士双脚并拢，双手虎口交叉（右手在左手上）自然置于肚脐稍下方；男士双脚呈外八字微分开，双手交叉（左手在右手上）在腹肌处，双手亦可自然下垂在身体两侧。"提"是提臀，女士大腿夹稳，臀部稍微往上提；男士则可省略此部分。

3. 鞠躬

分为站式鞠躬、坐式鞠躬、跪式鞠躬三种。茶艺表演中，一般是进场后采用站式鞠躬，鞠躬后方能入座。在侍站状态下，呈45°鞠躬。90°鞠躬常见于非常庄严的场合。入场鞠躬，示意茶艺冲泡开始；冲泡结束后，行鞠躬礼，示意结束。

4. 入座

男士上身挺直，眼平视，两腿平行分开，垂直地面，两手放在大腿中部，身体与茶台的距离为一拳；女士身体与茶台的距离为半拳，挺胸收腹，眼平视，有笑意，两腿平行并拢，垂直地面，双手虎口交叉放在大腿根部或茶席的茶巾上。男、女士均只坐凳子的1/3或1/2，否则会不美观，也会有怠慢之嫌。

5. 泡茶

根据不同的茶叶选用不同的冲泡方法。

6. 奉茶

双手将茶杯奉上，并伸出右手作"请"动作，请客人品茶。如奉多杯茶，可将奉茶盘置于客人桌上，然后双手奉上茶杯，请客人品茶。有副泡时，主副泡两人一同离座，由副泡托着奉茶盘，小步行至客人跟前，两人站好、行礼，由主泡双手端茶请客人品饮。奉茶后，不可立即转身离开，应小步后退 1～2 步再转身离开。

7. 扣手 ①

对于喝茶的客人，在茶艺师奉茶之时，应以礼还礼，要双手接过或行扣手礼，将拇指、中指、食指稍微靠拢，在桌子上轻叩数下，以表感谢之意。

8. 寓意礼

（1）"凤凰三点头"：一手提壶，另一手按住壶盖，壶嘴靠近容器口时开始冲水，同时手腕向上提拉水壶，再向下回到容器口附近，这样反复高冲低斟三次，寓意

———————

① 此礼法相传是乾隆微服巡游江南时，自己扮作仆人，给手下之人倒茶所采用。皇帝给臣下倒茶，如此大礼臣下要行跪礼叩头才是，但此时正是微服私访，不可以暴露皇帝身份。于是有人灵机一动，以手在桌上轻叩，"手"与"首"同音，三指并拢意寓"三跪"，手指轻叩桌面意寓"九叩"，合起来就是给皇帝行三跪九叩的大礼，以表感恩之意。

向来宾鞠躬三次，表示欢迎。

（2）纹饰的方向：如果品茗杯、盖碗、公道壶、茶盘、茶巾等物品上面有字或纹饰，应将字或纹饰朝向客人，表示对客人的尊重。客人接杯后，细细欣赏完字或纹饰，顺时针转动杯身，将字或纹饰朝回主人，于杯子空白处喝茶。

（3）"七分满"：倒茶时，七分满即可，正所谓："七分茶三分情，人情十分矣。"茶满了容易烫手，不利于品饮，就是"茶满欺客"。

此外，还有更多的寓意礼，这里不一一列举。

三、接待茶礼

（一）会议接待茶礼

1. 小型会议接待茶礼

小型会议，即30人以下的会议。由于人数不多，茶艺师可事先征求客人的意见准备茶叶和茶具。以下为小型会议饮茶接待注意事项：

（1）如果用茶水和点心一同招待客人，应先上点心。点心应给每人上一小盘，或几个人上一大盘，旁边摆好果皮盘。

（2）茶艺师为客人沏茶前，应先洗手，并洗净冲茶用具和茶杯。

（3）如客人无特殊要求，与会人员陆续入座后，便可上茶。

（4）上茶前，把茶杯放在奉茶盘上，待客人坐定后一同敬给客人，杯把对准客人的右侧。

（5）上茶时，应注意站在客人右侧，先给主宾上，再依次给其他客人上。

（6）续茶。会议开始后，一般不随意续茶，可视客人情况，如有示意续茶的，即可上前续茶。切忌在客人两者交谈之间插入续茶，可等客人交谈完毕或示意后续茶。

2. 大、中型会议接待茶礼

大型会议，即 100 人以上的会议；中型会议，即 30~100 人的会议。由于人数比较多，茶艺师可事先将茶杯摆放在桌子上，用飘逸杯冲泡茶叶，如备有茶点果品，应在会议开始前在会议桌上摆好，待与会者到来，便可上茶。以下为大、中型会议饮茶服务注意事项：

（1）客人入座后，由茶艺师为客人倒水、沏茶。

（2）倒茶水时，茶艺师应站在客人的右侧，左手拿壶，右手拿杯进行斟倒。

（3）圆桌会议，茶艺师要从主位开始按顺时针的顺序倒茶水；长桌会议，茶艺师要按从里向外的顺序倒茶水。

3. 茶话会接待茶礼

茶话会一般人数较少，是一种聚会形式，以清茶或茶点接待客人。以下为茶话会饮茶接待程序：

（1）备具。茶艺师要根据茶话会的人数备齐茶杯、杯垫和茶壶。

（2）备好开水。茶话会前在茶杯内放入茶叶，待客人到达后加水即可。

（3）可根据客人要求，使用飘逸杯冲泡茶叶，待客人坐好，将飘逸杯里冲泡好的茶水斟到客人茶杯中。

（4）斟茶时要站在客人右侧。

（5）在茶话会的整个过程中，要随时注意为客人续斟茶水，当发现杯内茶水过淡时要马上更换，重新冲泡。

（二）独立茶室接待茶礼

独立茶室的服务很讲究，一方面要求茶艺服务人员有良好的文化素质、丰富的茶叶知识以及专业的泡茶技巧；另一方面要为客人营造一个良好的品茶氛围。以下为独立茶室接待注意事项：

（1）准备好各种上等茶叶、茶食。

（2）准备好泡茶用水。

（3）准备干净、整洁的各类茶具。

（4）不同的茶，茶艺师要用不同的茶具及不同的冲泡方法进行冲泡并为客人讲解。

第三节　泡茶用具

"水为茶之母，具为茶之父"，这句话形象地说出了茶具在茶叶冲泡过程中的关键作用。茶具，古代称为茶器或茗器，泛指制茶、饮茶过程中使用的各种工具，包括采茶用具、制茶工具、泡茶器具等；现代茶具主要指泡茶过程中使用到的专业用具。

一、茶具的历史发展

茶具的发展，经历了西汉、东汉、三国、两晋、南北朝、唐朝、宋朝、元朝、明朝、清朝，直至现代，历经了几千年的时间考验。茶具从萌芽状态到持续发展，

再到鼎盛时期，从极富奢华到简朴自然，整个过程百花
齐放、争奇斗艳，而且分工明确、精细。

西汉时期，王褒的《僮约》中有最早关于茶具的记
载："脍鱼炰鳖，烹茶尽具。"此时为茶具的萌芽时期。
严格地说，此时期没有专门的茶具，茶具与酒具共用。

从陶土的器具到鸡头壶的出现，再到后来的茶碗瓷
器的出现和使用，渐渐萌芽了一种用专门器具饮茶的习
惯。但茶具、酒具、食具混用在当时还是很流行。

河北邢窑的白瓷和浙江越窑的青瓷，在隋代已经发
展起来，工艺较为精细，有"南青北白"之说，代表了
当时瓷器的最高成就。

到了唐代，社会安定，人民生活富足，饮茶成风，
茶亦从日常生活中脱离出来，成为一种可清心、表雅兴
的精神饮品。

唐代的茶具基本上都是成套使用的，茶具不再与
酒具、食具混杂，出现了专门化倾向，且工艺越来越精
细。在《茶经·四之器》中，陆羽详细地罗列了一整套
饮茶用具，共有二十六器，分为生火用具：风炉、筥、
炭挝、火箂；煮水用具：釜和交床；烤、碾、量茶用
具：夹、纸囊、碾、罗合、则（量器）；水具：水方、
漉水囊、瓢、熟盂、竹箂；盐具：盛盐的鹾簋和取盐的
揭；饮茶用具：碗（杯）；清洁用具：札、涤方、滓方
和巾；藏茶用具：畚、具列和都篮。

从唐代后，人们饮茶对茶具的要求越来越高，形成
一批以生产茶具为主的著名窑场，如越窑、婺州窑、岳
州窑、寿州窑、洪州窑和邢窑等。

宋代的饮茶之风更盛。把煎水用具改成了茶瓶，
茶盏尚深色，增加了茶筅，讲究喝茶成了标榜身份的

老炉

紫砂壶

象征，因而茶具也越来越趋于精巧华美，富丽堂皇。

宋代的窑场产量更高，名气更响。著名的官窑、哥窑、定窑、汝窑和钧窑便兴于当时。宋瓷的造型和装饰趋向沉静、素雅，釉色也显得凝重、蕴蓄。

到了明代中期，简朴自然的散茶渐渐代替了饼茶。茶叶的变化，亦带动了茶具的改变，中国茶具从此变得简朴自然。其中天下闻名的江苏宜兴紫砂壶便产生于此时。

洁白如玉的茶盏衬托汤色青翠的散茶，尚白的结果促使了白瓷飞速发展，也成就了景德镇陶瓷。到明代永乐、宣德年间，景德镇的青花瓷声名日响。

清代茶具以紫砂器和瓷器为主角，特别在康、雍、乾三朝，人们生活水平得到了极大的提高，喝茶风气日盛，对茶具的要求日广。瓷质茶具也臻于鼎盛，产品质量在国内外享有极高声誉，是中国陶瓷史上的黄金时代。

清末中国陷入了列强践踏、民不聊生的社会状况，茶事衰落，茶具生产停滞不前。

如今，茶文化重新得到世人的关注，伴随而来的茶具生产也越来越趋于专业化和系列化，茶事越细，茶具亦越精。

二、茶具的种类

现代茶艺用具具有专业化和系列化的特点，按茶艺冲泡要求可分为主茶具和辅助茶具；按茶具质地可分为陶土茶具、瓷质茶具、玻璃茶具、金属茶具、竹木茶具、漆器茶具等。以下主要从主茶具和辅助茶具展开学习。

（一）主茶具

主茶具是指用来泡茶、饮茶的主要器具，包括盖碗、公道杯、闻香杯、品茗杯、茶壶、茶船、杯托、盖置、茶叶罐等，不同茶具的功能各异，但都以实用、便利为第一要求。

盖碗　又称"三才碗"，即盖为天、托为地、碗为人。盖碗属于瓷器茶具，经 1 200℃温度烧制而成，是应用最广泛的泡茶器具之一，适合冲泡各种茶叶。

公道杯　在茶道里面讲究众生平等，茶汤均分。公道杯可用来均匀茶汤浓淡度。杯口一般放置"茶隔"，用于过滤茶渣。

闻香杯　闻香之用，比品茗杯细长，多用于冲泡乌龙茶。与品茗杯配套，质地相同，加一杯托则为一套闻香品茗组杯。

品茗杯　盛放并饮用泡好的茶汤的器具。

茶壶　茶壶是一种供泡茶和斟茶用的带嘴器皿，如紫砂壶。

茶船　亦称"茶盘"，是盛放茶壶、品茗杯、盖碗的器皿，多为木制。

杯托　茶杯的垫底器具。

盖置　放置壶盖、杯盖的器具，用于保持盖子清洁。

茶叶罐　用于装干茶的罐子。

盖碗

公道杯

闻香杯

品茗杯

双杯托

茶叶罐

茶道组

酒精炉

炭炉

茶巾

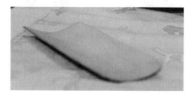

茶巾盘

（二）辅助茶具

辅助茶具指泡茶、饮茶时所需的各种器具，以方便操作，增加美感。

茶道组 亦称"茶道六君子"，包括茶匙、茶针、茶夹、茶拨、茶漏及茶筒。茶匙，从贮茶器中取干茶的工具，常与茶荷搭配使用；茶针，用于疏通壶嘴，防止茶叶阻塞；茶夹，用于清洁、转移茶杯时的镊取；茶拨，也叫渣匙，常与茶针相连，一端为茶针，另一端为茶拨；茶漏，用于扩大紫砂壶壶口面积，避免茶叶散落；茶筒，盛放茶匙、茶针、茶夹、茶拨、茶漏等用具的有底筒状物。

桌布 铺在桌面并向四周下垂的饰物，可用各种纤维织物制成，常和"桌旗"配合使用。

煮水器 用于烧煮泡茶用水的器具，有酒精炉、炭炉、电水壶等。

茶巾 茶巾又称为"茶布"，用麻、棉等纤维制造，茶巾的主要功用是干壶，于斟茶之前将茶壶或公道杯底部留下的水渍擦干，亦可擦拭滴落桌面的茶水。

茶巾盘 放置茶巾的用具，常为竹制。

奉茶盘 可盛放品茗杯、闻香杯、茶碗、茶食等，奉送给品茶者。

茶荷 常用于赏茶和置茶、分茶。

茶扫 用于刷除茶荷上所沾茶末，清洁茶盘。

茶食盘 用于置放茶点、果品的用具。

茶荷

第四节 冲泡的艺术

一、泡茶的技巧

学习茶艺，必须苦练一些最基本的动作。

练习时，要遵循的共同守则是：柔和优美、圆融流畅、简洁明快、连绵自然、寓意素雅，不矫揉造作。

（一）取用器物手法

捧取法 女士可略带兰花指，双手慢慢平移向前合抱欲取之物（如茶叶罐），捧住底部移至安放的位置即可。多用于捧取茶叶罐、茶道组等立式物件。

端取法 双手伸出，端物件时双手手心向上，掌心下凹作"兰花"状，平稳移动物件。多用于端取奉茶盘、茶巾盘、茶食盘、杯托等扁平状物件。

捧取法

端取法

提壶手法

（二）提壶手法

以常规侧把紫砂壶为例，右（左）手拇指与中指勾住壶把，无名指与小拇指并列抵住中指，食指前伸压住壶盖的盖钮或其根部，注意别压住壶盖上的气孔。

（三）茶巾折合手法

（1）铺平：将正方形的茶巾平铺桌面；

（2）对折取中心线；

（3）将茶巾上下对应横折至中心线处；

（4）将左右两端竖折至中心线处；

（5）将茶巾竖着对折；

（6）对折后两面重合；

（7）开口朝里摆好。

①铺平

②对折取中心线

③上下两边向中心线对折

④左右两边向中心对折

⑤左右两边对折

⑥对折后两面重合

⑦开口朝里摆好

茶巾折合手法

（四）握杯手法

握盖碗　右（左）手大拇指和中指握住杯身边缘，食指按住盖钮，无名指及小指自然弯曲。

握闻香杯　右（左）手将闻香杯直握于拳心，作抱拳状；也可置于双手掌心中，轻轻搓动，闻香。

握品茗杯　右（左）手大拇指、食指握杯身两侧，中指弯曲抵住杯底，无名指及小指自然弯曲，此法俗称"三龙护鼎"。

握盖碗

握闻香杯

（五）温具手法

1.温壶法

（1）浇淋壶身：右手提开水壶，按逆时针方向回转手腕半圈低斟，以盖钮为中心，往壶嘴移动浇水，再移动水注至壶把，如此一次。

（2）开盖：左手拿起壶盖沿顺时针方向揭开壶盖。

（3）注水：右手提开水壶，按逆时针方向回转开水壶半圈至壶上方，逆时针画圈低斟，然后提壶高冲水入壶。

握品茗杯

（4）加盖：左右拿起壶盖沿顺时针方向盖好盖子。

（5）温壶：双手取茶巾横覆在左手手指部位，右手三指握茶壶把放在左手茶巾上，双手协调按逆时针方向转动手腕如滚球动作，使开水充分接触茶壶内侧壶身各部分。

（6）倒水：右手拇指和中指勾住壶把，食指压住壶钮，转动手腕呈90°倒掉废水。

①浇淋壶身

②开盖

③注水

④加盖，温壶

⑤倒水

温壶法

2. 温盖碗法

（1）翻盖：左手轻按盖钮，右手取茶针自近身侧往盖碗内拨动天盖，翻好盖后，留一小缝隙。

（2）斟水：逆时针回旋向盖内斟水。

（3）再翻盖：右手握茶针插入缝隙内由内向外拨动碗盖。

（4）稳住盖子：左手轻扶盖钮护在盖碗外侧，随即将翻起的盖稳住。

（5）将茶针拭去水分，放回原处。

（6）烫碗：右手食指抵住盖钮，大拇指和中指握住盖碗边缘，置于茶巾上。

（7）旋转：左手托住碗底，右手手腕呈逆时针旋转，使热水充分接触盖碗内各部位。

（8）倒水：右手拿起盖碗，左手托住地托，双手配合将盖碗中的热水倒进废水盂。

①翻盖 ②斟水 ③再翻盖

④稳住盖子 ⑤将茶针拭去水分

⑥烫碗 ⑦旋转 ⑧倒水

温盖碗法

二、茶艺表演的创作

将日常泡茶技巧艺术化后展演出来的具有表演性和观赏性的艺术活动，称为茶艺表演。

茶艺表演，按表演形式，可分为三种：一是生活型茶艺表演，多偏向快速、简单、实用；二是表演型茶艺表演，多见于舞台，会加其他艺术效果，如古筝、舞蹈等；三是技能型茶艺表演，多见于各种茶艺技能比赛，注重冲泡的技巧和艺术效果。

茶艺表演的创作包括如下方面：确定主题、编写解说词、确定表演人数、选择表演用具、布置表演环境、设计表演动作和冲泡程序、选配表演服饰、选配背景音乐等。

乌龙茶茶艺
（表演者：李黛敏、谢素）

玻璃杯绿茶茶艺
（表演者：陈凤燕）

技能型茶艺表演

花茶茶艺
（表演者：洪梓婉）

潮汕工夫茶茶艺　　　　　改良潮汕工夫茶茶艺
（表演者：姚丹利）　　　　（表演者：徐晓松）

擂茶茶艺
（表演者：卢敏华、李佩佩）

《相思》主题茶艺表演

（一）确定主题 [①]

主题是茶艺表演的中心思想，创作茶艺表演，首先要给它定一个主题。选主题思想，要贴近生活，切忌泛泛而谈，且一个茶艺表演只需一个主题思想。

主题思想是茶艺表演的灵魂。如 2012 年广东省茶艺师职业技能大赛中获得金奖的茶艺表演作品《相思》，以"相思"为主题来反映两岸同胞两两相思、渴望统一之情；在 2011 年广东省茶艺师职业技能大赛中获得金奖、在 2013 年全国职业院校技能大赛"中华茶艺技能大赛"中获得三等奖的《成长》，三名表演者分别冲泡的是三种年份不一的普洱茶，以"成长"为主题，茶的陈化与人生的"成长"结合起来，环环相扣，赢得评

[①] 主题思想的确定应注意如下几点：第一，主题思想与历史相吻合（写历史题材时）；第二，主题思想与民族风俗相吻合（写民族题材时）；第三，主题思想与宗教思想、文化相吻合（写宗教题材时）；第四，主题思想不可泛泛而谈，应细分再细分；第五，主题思想不可夸夸其谈，要有创新；第六，主题思想忌悲观消极，尽量以积极向上、乐观开朗、诗情画意为主。

委和观众的青睐；2008 年广东省茶艺师职业技能大赛中获得银奖的《禅茶》，则是根据佛门喝茶方式及招待客人的用茶方式来进行编创的，以体现茶禅一味的思想。有了明确的主题后，才能根据主题来构思茶艺表演的程序，编写茶艺表演解说词，编排冲泡程序、动作，选择茶具、服饰、音乐，布置茶席，并进行排练。

（二）编写解说词 [①]

对茶艺表演进行解说，可以使观众更直观地了解茶艺表演操作程式、原理、功能等，引导观众欣赏茶艺表演，理解表演的主题及相关内容，更好地达到预计的艺术表现效果。一篇出色的解说词，往往是一篇好的文章。

首先，一般来说，解说词的内容应包括茶艺表演的标题名称、主题、艺术特色及表演者单位、参与表演人员的姓名等。如果在比赛中，可根据比赛规定，省略影响比赛的内容。如每年的广东省茶艺师职业技能大赛，赛则规定解说词中不允许出现参赛单位，以免影响裁判打分。

其次，对茶艺表演的文化背景、茶叶特点、环境布局等进行简单介绍，能够使人明白此次表演的主题和内容。

最后，解说词多为对仗的、主谓结构的。如《台式工夫茶》：嘉叶共赏、润泽仙颜、玉液回壶、乌龙入宫、春风拂面、关公巡城、韩信点兵、祥龙行雨、凤凰展翅

岩韵

---

① 编写解说词应注意如下方面：第一，要考虑适合观看茶艺表演的群体类别的口味，如在茶艺技能比赛中，面对评委裁判，解说词要简明扼要，稍加艺术语言做修饰，并将表演的重点突显出来。如果是面对对茶不熟悉的人士，解说词就要通俗易懂。第二，扣紧主题思想。解说时应注意：第一，使用标准普通话。第二，脱稿解说。第三，带有感情色彩，宜亲切自然，切忌矫揉造作。

等。每个词语代表一个动作或者冲泡茶叶过程中的一个
程式。

（三）确定表演人数

根据主题思想及场合的要求，确定表演人数。如广
东省茶艺师职业技能大赛规定分为"个人赛"和"团体
赛"。全国职业院校技能大赛"中华茶艺技能大赛"规
定4人为一队。

（四）选择表演用具

表演用具主要是指泡茶的器具，包括茶具、桌椅、
茶席陈设、舞台背景等，是茶艺表演的重要组成部分之
一。道具的选择主要根据茶艺表演的题材来确定。

（五）布置表演环境 ①

"小环境"，在以表演茶桌为中心的范围内，一般
指茶席布置，其中"茶席设计"会在第六章专门讲述；
"大环境"，包括舞台的背景、屏风、地毯等装饰物。

（六）设计表演动作和冲泡程序

表演动作，包括表演者的眼神、表情、走（坐）姿
等。其中，手是茶艺表演中运用最多的肢体语言，要注
意手型、手姿和手位 ②的动作设计。此外，还应根据具

焚香

---

① 表演环境中常用到灯光效果：灯光一般要求柔和，不宜太暗
也不能太亮、太刺眼，太暗会看不清茶汤的颜色。不能使用舞厅的旋
转灯。在表演禅茶时，可将灯光打暗，只留下照在主泡身上的一盏聚
光灯，将所有观众的注意力都集中在泡茶者身上，既吸引了目光，又
增加了庄严肃穆的氛围，能够取得很好的效果。

② 手型，就是手执拿物品或者闲放时的形状；手姿，是运动变
化中的手的姿态；手位，是相对于身体而言手的位置。手姿的训练主
要涉及柔韧度、细致度、美观度等方面。

体茶叶的冲泡技巧设计冲泡程序，节奏快慢得当，动作娴熟、连贯、圆润自然。

（七）选配表演服饰

包括服装、发型、头饰、化妆以及其他饰物。详见"茶艺礼仪"中的"发型、服饰"。

（八）选配背景音乐

背景音乐是茶艺表演必不可少的元素。音乐可以营造浓郁的艺术气氛，吸引观众注意力，带领大家进入该茶艺所要表达的境界。一般来说，民俗类茶艺多选用当地的民间曲调；宗教茶艺多选用具有宗教特色的音乐；现代创新主题茶艺表演多选用古典的古筝、古琴、笛箫曲。

除此之外，还要进行茶艺表演的训练，包括基本冲泡手法的训练、动作的训练、仪容仪表的训练、茶艺表演程序的训练。经过训练达到一定要求，可参加茶艺师职业技能大赛。具体评分标准可参考表4—1。

表4—1　　　　XX省茶艺师职业技能大赛个人赛评分表（参考）

序号	鉴定内容	考核要点	配分	考核评分的扣分标准	扣分	得分	备注
1	礼仪及气质形象	①走姿、站姿、坐姿（三姿）高雅②礼貌及仪容表情自如③言语、举止姿态文雅④仪表端庄	15	①三姿欠平稳，扣2分；身姿正，腿过张，扣1分②视线不集中，表情平淡，扣2分；目低视，表情不自如，扣1.5分；目低视，扣1分③说话举止显惊慌，扣2分；不注重礼貌用语，扣1分④仪表服饰、发饰、化妆欠端庄，扣2分；尚端庄，扣1分			

续前表

序号	鉴定内容	考核要点	配分	考核评分的扣分标准	扣分	得分	备注
2	茶艺解说音乐配置	①语言清晰动听 ②音乐符合主题要求	8	①介绍语言表达差，扣2分；语言平淡，扣1分 ②音乐配置不符合主题文化特色，扣1分			
3	茶席设计	摆设位置、距离、方向美观，有艺术感	10	摆设位置欠正确，欠美观，无装饰，扣8分 摆设位置正确，距离不当，有装饰，欠美观，扣4分 摆设位置、距离正确，不注意花纹方向，有装饰，尚美观，扣2分			
4	茶艺表演程式	表演全过程流畅地完成（包括奉茶）	17	未能连续完成，中断或出错三次以上，扣9分 能基本顺利完成，中断或出错二次以下，扣6分 能不中断地完成，出错一次，扣3分			
5	茶艺表演艺术	表演塑造的艺术姿态、艺术特色	20	表演技艺平淡，缺乏表情及艺术特色，扣12分 表演尚注意塑造艺术姿态，缺乏艺术特色，扣8分 表演注意塑造艺术姿态，尚显艺术特色，扣4分			
6	茶艺表演的文化色彩	表演体现的主题艺术文化内涵	15	表演缺乏主题艺术文化内涵，扣9分 表演主题艺术文化内涵较平淡，扣6分 表演主题艺术文化内涵尚明显，扣3分			
7	茶汤色香味	评委鉴定茶汤的色香味	10	色香味欠正常，扣5分 色香基本正常，味欠佳，扣3分 色香正常，味欠佳，扣1分			
8	时间限制	超时扣分	5	表演时间为15分钟，每超时1分钟扣1分			
	合　计		100				

评委签名：　　　　　　　　　　　　　　　　　　　　　　　　年　　月　　日

三、茶艺表演实例

我们挑选了几个茶艺表演介绍给大家。

（一）民俗特色茶艺表演:《擂茶》

客家擂茶茶艺表演解说词

客家人日常生活中，擂茶既是其主食之一，也是待客之佳肴，在客家人丰富多彩的饮食文化中，擂茶是最具代表性的一种美味。而且其制作方式古朴典雅，充分表现了客家人对中国古代传统文化之传承。

看，今天贵客到访，热情的客家人将用独特的擂茶来招待他们。

1. 介绍用具

（1）擂钵：内壁有凸凹波纹，能使钵内的各种原料更容易被擂碾成糊。

（2）擂棍：擂棍必须用有药效的山茶树或山苍子树的木棒来做。擂制过程中，擂棍磨损的成分与擂茶配料一同食下，发挥"擂茶"的保健效用。

2. 洁器——洗钵迎宾

年轻的客家姑娘用热水烫洗擂棍和擂钵，再将水倒掉。

3. 打底——投入配料

（1）花生：有长生果之称，常食有延年益寿之功效；

（2）茶叶：它能提神悦志、去滞消食、清火明目；

（3）薄荷：它清凉芬芳，能祛风提神；

（4）甘草：它能润肺解毒；

（5）芝麻：它含有大量的维生素E、不饱和脂肪酸，有美容养颜的功效。

擂钵擂棍

材料

配料可随时令变换，春夏湿热，可采用嫩的艾叶、薄荷叶；秋日风燥，可选用白菊花、金银花；冬令寒冷，可用桂皮、胡椒。还可按人们所需配不同的料，形成多种多样多功能的"擂茶"。

4. 细擂——尽显身手

"擂茶"本身就是很好的艺术表演，技艺精湛的人在擂茶时，无论是动作还是擂钵发出的声音都极有韵率，让人看了拍手称绝。

5. 冲水——水乳交融

用刚烧开的水冲进擂茶钵，边冲边搅，香气扑鼻。冲好了，汤色浓郁，水乳交融。

6. 敬茶——敬奉琼浆

客家人的擂茶，茶味纯，香气浓，不仅能生津止渴、清凉解暑，而且还有健脾养胃、滋补长寿之功能。

擂茶

分汤敬茶

7. 品饮——如品醍醐

擂茶一般不加任何调味品，以保持原辅料的本味，所以第一次喝擂茶的人，品第一口时常感到有一股青涩味，细品后才能渐渐感到擂茶甘鲜爽口、清香宜人，这种苦涩之后的甘美，正如醍醐美味，它不加雕饰，不事炫耀，只如生活本身，永远带着那清淡和自然，让人品后无法忘怀。

"莫道醉人惟美酒，擂茶一碗更深情。美酒只能喝醉人，擂茶却能醉透心。"愿今天的擂茶能给各位留下美好的印象。

谢谢！

（二）台式工夫茶艺表演：《乌龙茶》

台式工夫茶茶艺表演解说词

各位嘉宾，大家好，下面请欣赏台式工夫茶茶艺表演。

中国人用茶，自药用羹饮、清心提神至有艺有道，现在用茶，追求的是真善美的境界，茶叶亦用至真至美至洁之品。冲泡铁观音为取原色原味，今天采用的茶具为台式茶具，以瓷器为主，便于观汤色。

（1）净手，将手洗净，以示敬意。

（2）素玉涤尘（洁具）。

茶，乃至真至洁之物，所以所用茶具亦需如此，同时，洁具也是对嘉宾的尊重，亦起到了温具的作用。冲茶的效果，更浓更纯。

（3）嘉叶共赏（赏茶）。

铁观音呈颗粒状，香气馥郁。

（4）观音上轿（投茶）。

铁观音，投茶量为容器的1/3。

①行礼

②净手

③赏茶

④投茶

⑤润茶

⑥冲茶

⑦出茶

⑧洗杯

（5）润泽仙颜（润茶）。

（6）春风拂面（刮沫）。

悬壶高冲，借水流高冲之势击出杂质，洗去一路
风尘。

（7）乌龙洗尘。

（8）高山流水（冲茶）。

采用高冲水，借水势推汤面击出茶香。

（9）玉液回壶（出茶）。

茶汤斟入公道壶内。

（10）金玉共鸣（洗杯）。

（11）再斟流霞（分茶）。

秉着"茶道平等，精华均分"之原则，把茶汤均匀
平分于闻香杯中，七分满即可。

（12）敬奉香茗（奉茶）。

将闻香杯放左，品茗杯放右，以示敬意。

（13）翻江倒海（翻杯）。

⑨分茶

⑪翻杯

⑩奉茶

⑫闻香

⑬品茶

采用凤凰展翅之美姿，将闻香杯内茶汤徐徐倒入品茗杯。

（14）喜闻幽香（闻香）。

品饮铁观音，素有"未品甘露味，先闻圣妙香"之说。

（15）鉴赏汤色（辨汤）。

观其汤色，如新芽般的嫩黄中渗着少许绿意，令人不免沉醉其中。

（16）三品佳茗（品茶）。

（17）尽杯谢茶（行礼）。

愿台式工夫茶茶艺表演能给各位嘉宾留下美好回忆；愿铁观音的香韵永驻您的心田，谢谢您的观赏。

（三）主题创作茶艺表演：《美》（绿茶）

绿茶茶艺表演《美》解说词

①进场

②布具

（进场）风不懂云的漂泊，天不懂雨的落魄，眼不懂泪的懦弱。而我懂您，懂别人所不懂的美，无关信念，无关信仰；无关您的容颜，无关您的过往。

（布具）一棵棵娇滴滴的嫩芽，与阳光沐浴，与空气歌唱，在风里尽情地摇曳，看尽青山与绿水，取天地之精华，这是在茶的生命中令人神往、为之抚掌的极致之美。

（洁具）美是跌跌撞撞的成熟，是疼痛的蜕变，是羽化成蝶的自由。没有不可愈治的伤痛，没有不能结束的沉沦，所有失去的，都会以另一种方式归来……

（取茶）虽您的容颜已退，却仍存留身躯，虽疼痛不已，您却早已望尽人生路。

（赏茶）瞧，那条索纤细，卷曲成螺，满身披毫，银白隐翠，如那羞答答的姑娘。

（投茶）轻轻将碧螺春投入盖瓯，每一次的颠簸，早已幻化成追求的勇气。盖瓯给予您的拥抱，那是最美的归宿。

（晾水）源泉活水，只为等待那最美的邂逅。那薄纱般的水汽如雨露滋润着大地，温和您的身躯。那三起

③洁具

④取茶

⑤赏茶

⑥投茶

⑦晾水

⑧冲泡

三落的水丝，如那清脆而美丽的笑声，在我的耳边萦绕着……

（冲泡）细水滑落瓯壁，一股温存85℃的暖流淌入一颗颗茶的心，茶叶上带着细细的水珠，彼此相互融合，散发着淡淡的花果香。瞧，沉睡已久的她，似乎舒醒了，那嫩绿的霓裳吸吮着泉水，慢慢地舒展开了，那是为了瞬间能与清泉共舞而产生相知之美；她的衣裳似乎变得更加晶莹剔透，一条条脉络饱满起来了，昔日那沧桑的裂纹被抚平了，那是为了诠释生命而努力绽放的性情之美；那半世的沉沦仿佛逝去已久，此刻，她如一片片雪花在盖瓯中自由地翻飞，那是为了将此生凝聚的精华尽情展露的大气之美。一时间，洁白如玉的盖瓯中，片片嫩茶犹如雀舌，色泽墨绿，碧液中透出阵阵幽香。

（品茶前）心微动，我爱您在翠绿黄莹的城海里如白云翻滚的身影。一股淡淡的幽香似有似无地飘落在鼻尖。掀开天盖，好像整个盖瓯盛满了春天的气息。

（品茶后）仿佛间，从那一丝甘甜中我读懂了您那生命中一道道仓促的划痕，最终使您蜕变成最美丽的茶。

（奉茶）执手一杯香茗，坐观几片绿舟，使我常思朝与暮。数载，我依旧懂您的美，一叶绽放一追寻，一

⑨品茶

⑩奉茶

叶伸展一世界，一生流离尽唯美。

　　（谢礼）人生似一盏茶，苦如茶，香亦如茶。逝去的，只当是风一阵阵的摇曳，无关痛痒；归来的，却是那众人，懂得了倾听那盖瓯中最美的涟漪。

知识目标
· 了解茶艺的发展历史。
· 熟悉茶艺的流派种类。
· 掌握国内外茶艺演示形式。

能力目标
· 对中、日、韩茶艺进行动态演示。

推荐阅读
· 童启庆:《图释韩国茶道》,上海文化出版社,2008。
· 鸿宇:《说茶之日本茶道》,北京燕山出版社,2005。

茶艺流派及各国茶艺演示形式

第 五 章

第一节　茶艺的发展历史

　　中国茶艺的发展经历了一个漫长的过程。茶兴于唐，中国茶文化在唐代已基本形成。到中唐以后，饮茶"殆成风俗"，形成"比屋之饮"。具有中华民族特点的茶艺，既是一种生活形式，也是一种文化形态。

　　在唐朝时期，出现了世界上第一本茶叶、茶文化专著——陆羽的《茶经》。书中力倡煎饮法，对煎茶方法也做了详细的叙述，这种饮茶方法后来传至日本、韩国等地区，在茶艺发展史上，其影响重大而深远。宋代至明初，是中国茶艺的鼎盛时期。宋徽宗赵佶在大观元年（1107 年）亲著《大观茶论》一书，并不遗余力地推进茶文化。在他的影响下，宋代茶艺迅速发展出合乎时代要求的高雅的点茶法，使得茶艺表现形式更加丰富。点茶法影响了亚洲许多国家，对日本的抹茶道影响尤深。到了明清时期，茶文化发展更加深入，茶与人们的日常生活紧密联系起来，由明朝的宁王朱权倡导的简约饮茶风气影响后人，从而形成了泡茶法。泡茶法逐渐取代了煎点法的主导地位，成为中国人至今都在使用的饮茶方法。

　　中国的饮茶历史，饮茶法有煮、煎、点、泡四类，形成茶艺的有煎茶法、点茶法、泡茶法三种形式。

一、唐代茶艺——煎茶法

　　中国是茶的故乡，也是茶艺的故乡。中国茶艺的定型和完备是在唐代。陆羽在前人煮茶法技艺的基础上创造了煎茶法，设计了 26 种烹饮的器具，并大力推行。这种品茶方式，既可让人领略到茶的天然特性，整个煎

唐代寿州窑黄釉水注

唐代阎立本《萧翼赚兰亭图》

茶过程也极为赏心悦目，日常的饮茶行为最终升华为一种美好的艺术享受。

煎茶法茶艺有备茶、备水、取火、煮茶、分茶、品茶、洁具七个程序。

（一）备茶

先将茶饼在文火上烤炙，称炙茶。在烘烤的过程中，要求茶饼受热均匀，内外烤透，至不再冒湿气，散发清香为止。烤好的饼茶以纸囊储之，然后用碾茶器碾成细小的粉末，放入茶盒备用。

（二）备水

《茶经》中记载："其水，用山水上，江水中，井水

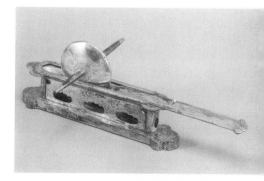

唐代鎏金鸿雁流云纹茶碾子

下。"取水后用漉水囊过滤，去掉沉淀杂质。

（三）取火

燃料以硬木炭为佳，或者是无异味的干枯树枝，投入风炉中点燃，开始煮茶。

（四）煮茶

包括烧水和煮茶。当水沸腾，冒出细小水泡时，称为一沸，先放入少量盐进去调味。当水烧到锅边如涌泉连珠时，称为二沸，舀出一瓢滚水，以备三沸茶沫要溢出时止沸用。然后将茶末按与水量相应的比例投入沸水中。当水势若波涛汹涌时，称为三沸，这时将先前舀出来的热水倒下去，这样能保持水面上的茶花不被溅出，当水再烧开时，茶香满室。

唐代越窑茶碗

（五）分茶

最好的茶汤是煮出的第一、二、三碗，在分茶时每碗中沫饽要均匀，以保持各碗茶味相同。

（六）品茶

品茶时一定要趁热喝，因为刚煮好的茶汤鲜美馨香，十分可口。

（七）洁具

茶饮结束后，要及时将用过的茶器清洁干净，以备再用。

煎茶法是中国最先形成的茶艺形式，鼎盛于中晚唐，经五代、北宋，至南宋而亡，历时约500年。

二、宋代茶艺——点茶法

宋代茶艺盛行点茶法，是在唐代茶艺基础上发展而成的。约始于唐末，从五代到北宋，越来越盛行，至北宋后期而成熟。宋代茶艺，既注重如何制成一杯好茶，也追求点茶过程的美感，具有审美性、游戏性。

点茶法在民间常用于斗茶中。"斗茶"是品评茶叶质量高低和比试点茶技艺高低的一种茶艺。这种比赛，讲究茶叶的名贵、茶器的精美、茶汤的醇厚和所击汤花的形态，点好的茶汤以"色白，沫细，久而不散"者为赢。

宋代是茶文化深入发展的时期，也是我国茶艺进一步完善和升华的时期。

点茶法茶艺包括备器、备茶、选水、取火、候汤、烫盏、点茶七个程序。

宋代黑釉建盏

（一）备器

主要茶器有：茶炉、汤瓶、砧椎、茶钤、茶碾、茶磨、茶罗、茶匙、茶筅、茶盏等。宋代茶艺十分注重茶器，最受宋人青睐的茶具是产自建安的黑釉茶盏，最能衬托出乳白汤花之美。

（二）备茶

将饼茶用炭火烤干水汽，然后用茶碾将茶饼碾碎成粉末，再用茶罗细细筛罗，得茶粉待用。

宋代影青瓷碗

（三）选水

宋人选水承继唐人观点，即"山水上、江水中、井水下"。

宋代定窑白釉瓷碗

宋代《斗茶图》

（四）取火

宋人取火方式基本同唐人。

（五）候汤

候汤是掌握点茶用水的沸滚程度。候汤最难，未熟则沫浮，过熟则茶沉。这也是决定点茶成败的关键。

（六）烫盏

在点茶之前，先用沸水冲洗杯盏，预热茶具。

（七）点茶

将适量的茶粉放入茶盏中，注入少量沸水调成糊状，然后再添加沸水，边添加水边用茶筅反复击打，使之产生汤花，尽可能使乳白色的汤花能较长时间凝驻在茶盏内壁。

点茶法鼎盛于北宋后期至明朝前期，亡于明朝后期，历时约 600 年。

宋代耀州窑青瓷碗

宋代定窑黑瓷碗

三、明清茶艺——泡茶法

明清茶艺比前代茶艺要精简随意，却有着更为深厚的文化底蕴。在明朝前期，煎点法仍是主流，直到明末清初，泡茶法才成为品茶的主要方式。明清茶艺摒弃前代的繁琐程序，以散茶冲泡，追求茶本身的自然香味，重在品味茶汤的醇厚绵长。明代茶艺最重要的贡献，就是泡茶法的定型与发展，直到现在，人们还在普遍使用这种简便易学的散茶冲泡法。

泡茶法茶艺包括备茶、备器、选水、取火、候汤、投茶六个程序。

清代粉彩过枝瓜蝶纹碗

（一）备茶

选用条形散茶，重视茶的色、香、味。

（二）备器

泡茶法茶艺的主要器具有茶炉、汤壶（茶铫）、茶壶、品茗杯等。茶壶以陶为贵，又以宜兴紫砂为最。品茗杯以青花瓷器为主，外壁有花纹，内壁洁白，能很好地反映茶汤的色泽。

（三）选水

明清茶人对水的讲究比唐宋有过之而无不及，如明代徐献忠著的《水品》等，讲究到不同类别的茶配不同的水。

（四）取火

火要活火，木炭为上，次用劲薪。

（五）候汤

候汤是重点，按水沸的程度可分成："一沸水"，即水沸腾前，一串细小的水泡从壶底涌起，如虾须的轻轻触动，故称"虾须水"；"二沸水"，是指水即将沸腾，几串如鱼目大而圆的水泡不断涌动，亦称"鱼目水"；"三沸水"，指水已全沸，水波翻腾涌动，如秋风过松林发出飒飒声响，故也称"松涛水"。当"二沸水"将转到"三沸水"，水珠涌动时，水质新鲜，含氧量足，温度最适合泡茶。

（六）冲茶

投茶有序。先茶后汤，称为下投；汤半下茶，称为

明代文徵明《品茶图》

中投；先汤后茶，称为上投。不同嫩度的茶叶用不同投法，不同季节亦用不同投法。

泡茶法酝酿于明朝前期，正式形成在16世纪末叶的明朝后期，鼎盛于明朝后期至清朝前中期，绵延至今。

四、当代茶艺

"茶艺"一词最早出现在20世纪70年代的中国台湾地区，被广泛应用至今。"茶"与"艺"的相联，主要表现在无论制茶、冲茶、饮茶，还是与茶相关的音乐、服饰、书画、篆刻、环境、氛围等，都带有浓厚的艺术气息。茶不仅是物质消耗用品，更是精神替代物。喝茶是一门学问，也是一种艺术。到了20世纪80年代，表演性茶艺进入一个新的发展时期。改革开放后，随着

老红泥小火炉

海峡两岸之间交流的增加，已复苏的港台茶事也涌了进来。1989 年 9 月，在北京举办"茶与文化展示周"，茶文化的研究重新成了热点。同时，各地纷纷举办茶文化节，国际茶会和学术讨论会也经常开展。茶书、茶画、茶艺表演越来越受人喜爱，茶业经济效益惊人，越来越多的人从事与茶相关的工作。中国茶重新走上世界舞台，成了世人关注的焦点。

影响最大的当代茶艺是流行于广东、福建和台湾地区的工夫茶，主要程序有治壶、投茶、出浴、淋壶、烫杯、酾茶、品茶等。

第二节　茶艺流派的分类

因文化背景、地域特征、生活习惯各异，形成了不同的饮茶风格，从而有了不同类型的茶艺。按茶艺表现形式及对象不同，可分如下几类：宫廷茶艺，重在"茶之品"，讲究排场盛大、奢华享受，意在炫耀权力；文士茶艺，重在"茶之韵"，意在鉴赏艺术，追求雅致情趣；宗教茶艺，重在"茶之德"，意在参禅悟道，见性成佛；民间茶艺，重在"茶之趣"，虽淳朴平淡，却在随意中品味着日常的生活哲理。茶艺流派的不同，其作用和影响也都不一样，品茶观念也其趣各异。

一、宫廷茶艺

茶列为贡品的记载最早见于晋代常璩著的《华阳国志·巴志》。公元前 1135 年，周武王联合当时居住川、

唐代《宫乐图》

陕一带的庸、蜀、羡、苗、微、卢、彭、消几个方国共同伐纣，凯旋而归。此后，巴蜀之地所产的茶叶便正式列为朝廷贡品。自此，历朝历代都沿用贡茶制度。贡茶制度确立了茶叶的"国饮地位"，也确立了中国是世界产茶大国、饮茶大国的地位，从客观上讲，是抬高了茶叶作为饮品的身价，推动了茶叶生产的大力发展，刺激了茶叶的科学研究，形成了一大批历史名茶。

宫廷饮茶具有富丽堂皇、豪华奢侈的特点，讲究茶叶的绝品、茶具的名贵、泉水的珍御，以及场所的豪华、服侍的惬意，追求豪华贵重到极致。自唐宋以来，饮茶成为宫廷日常生活的内容。中国历代皇帝大都爱茶，有的嗜茶如命，有的好取茶名，有的专为茶叶著书立说，有的还给进贡名茶之人加官晋爵。

宋徽宗赵佶不仅爱茶，还研究茶学，写了一部《大观茶论》，从茶叶的栽培、采制到鉴品，从烹茶的水、具、火到品茶的色、香、味，都一一记述。

康熙皇帝下江南时，巡游到江苏，当地官员敬献当地名茶"吓煞人香"。皇上觉得此茶名很俗，因"此茶出自碧螺峰，茶色泽绿如碧，茶形卷如螺，又只在早春采摘"，遂命名为"碧螺春"。从此之后，此茶声名大振。

帝王在享受极品名茶时，也不忘赐茶于群臣，得到这些赐茶，臣子无不视之为莫大的荣耀。由于帝王对茶的嗜好，对茶叶质量的要求越来越高，官员们为了邀功求赏，也亲自监督茶叶的制作，务求精益求精，这在客观上促进了茶叶生产的良性循环，不经意间推动了中国茶文化的发展。

在喜庆节日，宫廷还要举行排场宏大的茶宴，君臣共聚一堂。后宫嫔妃宫女也有饮茶的习惯，对饮茶也十分讲究，不光注重茶叶的质量、茶具的精美，也注重饮茶的乐趣、心境及美容养生之道。有些嫔妃的茶艺十分精湛，还善于斗茶，有时候还举办茶会，大家在一起品茗赋诗。

二、文士茶艺

文士茶艺是后人在历代文人雅士饮茶习惯的基础上加工整理而形成的。中国历代文士和茶有着不解之缘，没有文士便不可能形成以品为上的饮茶艺术，品茶不可能实现从物质享受到精神愉悦的飞跃，也不可能有中国茶文化的博大精深。文士们对饮茶颇为讲究,既要求环境优雅、茶具清雅,更讲究饮茶之意境,这些都体现在许多与茶相关的诗、文、画中。历代文士的品饮艺术,核心是从品茗中获得修身养性、陶冶情操的作用,所以说文士们的雅兴志趣是中国茶艺中最有韵味的一章。

饮茶可激发灵感,促神思,助诗兴。文士们以茶为伴,以茶入诗,以茶助画,书写了最有文化意味的茶的篇章。白居易是唐朝著名诗人,对于茶,他不仅爱饮,而且善别茶之好坏,故朋友们戏称他为"别茶人",可见他深得饮茶的妙趣。白居易的茶艺精湛,鉴茗、品水、观火、择器均有高人一等的见地:"起尝一碗茗,行读一行书","琴里知闻唯渌水,茶叶故旧是蒙山","或饮茶一盏,或吟诗一章",从诗中可见他酷爱品茶且精研茶艺,对茶叶的鉴赏力高,讲究饮茶的境界。以茶助画:从博物馆收藏品可以看出,初唐时已有表现茶事的绘画作品,对研究当时的饮茶文化有很高的价值;以茶助书法:"正是欲书三五偈,煮茶香过竹林西"(释得祥);以茶伴书:茶香,书香,阅一卷古书,饮一杯清茶,实为兴味盎然之举,若有知音在身边,更是人生一大乐事;以茶助琴:"煮茗对清话,弄琴知好音"(洪适)……品茗成为融汇各种雅事的综合性文化活动,这些充满艺术的雅事,和茶的清逸内质是相通的,两者的结

宋代赵佶《文会图》

合和相互转化，共同谱写了中国茶文化的乐章。

三、宗教茶艺

茶作为饮料，具有兴奋神经、醒脑的功能，对经络气血又有升清降浊、疏通开导的作用，于是被人们引入精神文化活动中，与宗教发生了密切联系。从现有文献记载来看，最早对茶的养生功能引起关注的是道家。道士将茶当成长生不老的仙丹妙药，饮茶是修炼时的重要辅助手段。养生、得悟、体道这三重境界，由于茶的功用，使它们自然而然地融汇合一。

茶对禅宗而言，既是养生用品，又是开悟途径，更是得道法门。饮茶不仅可以止渴解睡，还是引导进入空灵虚境的手段。原中国佛教协会主席赵朴初为"茶与中国文化展示周"题诗曰："七碗爱至味，一壶得真趣。空持千百偈，不如吃茶去。"著名书法家启功先生也题诗："赵州法语吃茶去，三字千金百世夸。"寺院与茶关系极为密切，以茶养生、以茶供佛、以茶译经、以茶待僧、以茶馈赠、以茶应酬文人、以茶待俗人，比比皆是。僧人种茶、制茶、饮茶并研制名茶，为中国茶叶生产的发展、茶学的发展、茶艺的形成做出巨大的贡献。值得一提的是，日本茶道基本上属于禅宗茶艺。

禅茶茶艺

明代乐纯《雪庵清史》开列了居士每日必须做的事，其中"清课"有："焚香、煮茗、习静、寻僧、奉佛、参禅、说法、作佛事、翻经、忏悔、放生"等。煮茗名列第二位，奉佛、参禅都被放在煮茗之后，可见僧侣对茶的重视程度。

历史悠久的阿婆茶

四、民间茶艺

"开门七件事，柴米油盐酱醋茶"，茶是日常居家生活中的一部分。家居饮茶，淳朴自在、随心所欲，老百姓们在日常饮茶中不仅品味着茶的清香滋味，也品味着生活的甘甜滋味。饮茶真正的生命源于民间，并根植于民间。特别是茶叶生产区或传统饮茶区，是茶的故乡，有茶的氛围、茶的修养，浓厚的茶俗氛围是别处所不及的。如回族的"盖碗茶"、傣族的"竹筒茶"、白族的"三道茶"等，都展示了我国各民族多姿多彩的饮茶艺术，亦是当地民俗文化的缩影。

热情好客是我国人民的美德，在我国许多地区，有宾客来访时，都有以茶敬客的礼节。热气腾腾的香茶，佐以各种特色茶点，大家聚在一起，叙旧聊家常，热闹非凡，其乐融融。在潮汕地区，把茶叶称为"茶米"，将茶和米一样看待，是生活中不可缺少的物品，可见茶在他们心中的重要程度。

民间茶艺，姿态万千、醇厚绵长。由于几千年来人们对茶的精神品格的深刻认识以及自然条件、社会环境、文化背景的差异，形成了多种多样的饮茶礼仪，主要体现在待客、婚俗、丧仪、祭祀等方面。

第三节　中、韩、日茶艺演示形式

一、中国茶艺与日本茶道及韩国茶礼的关系

溯本求源，世界的茶名、读音和饮茶方法都始自中

国。全球性文化交流使茶文化由中国向世界各地传播，同各国人民的生活方式、风土人情乃至宗教意识相融合，呈现出五彩缤纷的世界各民族饮茶习俗以及相应的茶艺。比较有代表性的有日本茶道和韩国茶礼。

（一）日本茶道与中国茶艺的渊源

日本茶道是由中国传入的，中国在向日本传播文化艺术和佛教的同时，也将茶传到日本。平安时代（794—1192年），日本高僧永忠、最澄、空海先后将中国茶种带回日本播种，并传播中国的茶礼和茶俗。日本僧人荣西在镰仓时代（1192—1337年）初期撰写了《吃茶养生记》，这一著作不但是日本的首部茶书，更对日本茶道的初步形成有着重要意义，饮茶也在日本正式推广开来。后经过几代茶人的努力，日本茶道在不断的发展过程中，结合自身民族文化，形成具有自己鲜明特色的茶道。特别是在享有茶道天才之称的千利休的推广和创新下，16世纪时，以禅道为中心的"和美茶"发展成"平等互惠"的利体茶道，成为平民化的新茶道，并在此基础上总结出"和、敬、清、寂"为日本茶道的宗旨，被称为"茶道四谛"，是日本茶道最重要的思想理念。以"和"为精神基础，这也是中日茶文化共同追求的，透过茶来感受真正的美、本质的美、自然的美。江户时代（1603—1867年），千利休死后，茶道开始在大名中流行，之后慢慢普及到一般庶民家庭中，形成我们今天所看到的茶道。千利休的子孙分为"表千家"、"里千家"和"武都小路千家"三个流派，传承至今。近年来，以"里千家"的传人最负盛名。

（二）韩国茶礼与中国茶艺渊源

公元 4—5 世纪时，朝鲜高丽、百济、新罗三国鼎立。632—646 年，新罗统一三国，进入新罗时期。新罗为求佛法，向中国派遣了大量僧人，在学法期间，新罗僧人接触到中国茶道，并在回国时将茶和茶籽带回新罗。从这个时期开始，新罗的茶道文化进入了萌芽时期。9 世纪初的兴德王时期，新罗的饮茶之风主要在上层社会及僧侣、文士中兴盛，并逐渐在民间流行起来，新罗开始全面引入中国的茶道文化。到了高丽王朝时期，受中国茶文化发展的影响，高丽茶礼形成，并从王室、官员、僧侣普及至百姓中。高丽时期是茶道文化在朝鲜半岛最辉煌的时期，在高丽王朝早期，仍沿用唐代的煎茶法，进入中后期之后改为使用中国两宋时流行的点茶法。在这一时期，高丽通过对中国茶道文化的吸收、消化，开始形成了以茶礼为代表的具有其民族特点的茶道文化。1392 年，李成桂推翻高丽王朝，自立为王，创建朝鲜王朝。朝鲜李朝前期的 15—16 世纪，受明朝茶道文化的影响，散茶壶泡法和撮泡法流行于整个朝鲜半岛。始于新罗、兴于高丽时期的韩国茶礼，随着茶礼器具及技艺的发展，形成了固定的礼仪规范，并日趋完善。进入 20 世纪后，韩国茶道逐渐走出一条独立发展的道路，并回传中国，对中国茶道文化的发展产生了积极的影响。

韩国茶礼最初传承于中国唐宋时代的茶道，其基本精神为"和"与"静"。宗旨是"和、敬、俭、真"。"和"是提倡茶人必须具备善良之心，乐于助人；"敬"，即彼此间敬重；"俭"，是推崇简朴的生活；"真"，是要真心诚意，人与人之间以诚相待。这些精神的提出，与中国古人所提倡的"俭、清、和、静"是一脉相承的。

中韩两国自古以来就有着政治、经济和文化等多方面的交流，茶道文化更是两国文化交流的主要内容之一，是维系中韩友好的纽带。韩国的茶道深受中国茶道的影响，是韩国传统文化的重要组成部分。

二、中、日、韩茶艺演示

（一）中国茶文化的传承——潮汕工夫茶

潮汕工夫茶，是中国茶文化最有代表性的茶道。据考，在唐朝时期，茶文化已经十分完善，沿海一带的人们都十分喜欢饮茶，在潮汕当地更是把茶作为待客的最高礼仪，这不仅仅是因为茶在许多方面有着养生的作用，更是因为自古以来茶就有"待君子，清心身"的意境。

所谓工夫茶，并非一种茶叶或茶类的名字，而是一种泡茶的技法。这种泡茶的方式极为讲究，操作起来需要一定的技巧，同时品茶主宾都要有空闲时间和闲暇心情。因此费时费工、讲究闲情逸致的品茶形式为工夫茶。

潮汕工夫茶不仅是潮汕的，也是中国的，更是世界的。现在，潮汕工夫茶已被定为国家级"非物质文化遗产"，这是潮汕先人留给后人的一份财富，也是中国茶文化一绝，既明伦序、尽礼仪，又有优美的茶器及茶艺方式的高雅格调。

1. 潮汕工夫茶所用茶具

朱泥壶　俗称水平壶，以潮州枫溪红泥制者为佳，壶口、流嘴、壶柄皆平，称三山齐。

若琛杯　茶杯白地蓝花，底平口阔。或白玉杯也可。

砂铫　　　　　　　　　　　　　　　　　　　　　　　　　　　　　　若琛杯

红泥火炉

　　　　　　　　　　　　　　　　　　　　　　　　　　　　　　　　锡罐

茶洗　白素纸　　茶船　红泥壶　茶洗

潮汕工夫茶

砂铫　又名"玉书碨"、"茶锅仔"。煮水所用，精巧美观。

红泥火炉　燃炭烧水，通风束火，甚为好用。

以上四具，被称为"工夫茶四宝"。

茶洗　形如大碗，一正二副，正洗用以贮茶杯，副洗一以放置茶壶，另一以盛茶渣或弃水。

茶船　上下两层，上层置茶杯，下层盛废水。

壶垫　用丝瓜络做成，保护茶壶。

羽扇　用以扇炉火，用黑或白鹅翎做成。

铜箸　用以箸挑榄核炭。

白素纸　小四方素纸，色洁白，纳茶入壶用。

锡罐　用以贮茶。

2.潮汕工夫茶艺冲泡流程

（1）治器。包括：起火、掏火、扇炉、洁器、候水、淋杯六个动作。这"候水"、"淋杯"都是初试功夫。水在砂铫内将煮沸时有声飕飕作响，当它的声音突然变小时，那就是鱼眼水将成了，应立即将砂铫提起，淋罐淋杯，再将砂铫置炉上。

（2）投茶，纳茶。打开茶叶罐，把茶倒在一张洁白的纸上，区分粗细，把最粗的放在罐底和滴嘴处，再将细末放在中层，最后将粗叶放在上面。

（3）候汤。苏东坡《试院煎茶》诗云："蟹眼已过鱼眼生。"用这样沸度的水冲茶最好了。

（4）冲茶。揭开茶壶盖，提砂铫将滚汤环壶口、缘壶边冲入，切忌直冲壶心。

（5）刮沫。冲水一定要满，茶壶是否"三山齐"，茶壶水满后茶沫浮起，决不溢出（提壶盖，从壶口轻轻刮去茶沫，然后盖定。

（6）淋罐。盖好壶盖，再以滚水淋于壶上，谓之淋罐。淋罐有三个作用：一是使热气内外夹攻，逼使茶香迅速挥发，追加热气；二是小停片刻，罐身水分全干，即是茶熟；三是冲去壶外茶沫。

①洁器

②投茶

③纳茶

④冲茶

⑤刮沫

⑥淋罐

⑦烫杯

（7）烫杯。洗杯动作迅速，声调铿锵，姿态美妙。杯洗完了，茶壶外面的水分也刚好蒸发完，正是茶熟之时，便可洒茶敬客了。

（8）洒茶。洒茶有四字诀：低、快、匀、尽。"低"，就是前面说过的"高冲低斟"的"低"。洒茶切不可高，高则使香味散失，泡沫四起，对客人极不尊敬。"快"也是为了使香味不散失，且可保持茶的热度。"匀"是洒茶时必须像车轮转动一样，杯杯轮流洒匀，不可洒完一杯再洒一杯，因为茶初出色淡，后出色浓。"尽"就是不要让余汤留在壶中。

（9）敬茶。先敬主宾，或以老幼为序。

（10）品茗。先闻香、后品茗，品茗时，以拇指与食指扶住杯沿，以中指抵住杯底，俗称"三龙护鼎"。品饮分三口进行，茶汤香醇甘爽，回味无穷。

⑧洒茶：韩信点兵

⑨敬茶

⑩品茗

（二）日本茶道

日本茶道在接受了中国的吃茶文化以后，经过漫长的消化时期，在禅院茶礼和武士礼法的影响下逐步形成了系统的点茶技法——"抹茶"茶道。按照茶道传统，宾客应邀入茶室时，由主人跪坐门前表示欢迎，从推门、跪坐、鞠躬以至寒暄都有规定礼仪。参加茶事的客人根据身份的不同，所坐的位置也不同。正客须坐于主人上手（即左边）。客人就座后，主人即去"水屋"取风炉、茶釜、水注、白炭等器物，而客人可欣赏茶室内的陈设布置及字画、鲜花等装饰。主人取器物回茶室后，跪于榻榻米上生火煮水，并从香盒中取出少许香点燃。在风炉上煮水期间，主人要再次至水屋忙碌，这时众宾客则可自由在茶室前的花园中闲步。待主人备齐所有茶道器具时，水也将要煮沸了，宾客们再重新进入茶室，茶道仪式正式开始。

1. 日本茶道所用茶具

风炉和炉　煮熟汤用的炉子。

茶釜　煮熟汤用的容器。

盖置　放茶釜盖和柄勺用的。

茶盒　放茶的漆器。

茶碗　点茶装茶汤的碗。

茶勺　从茶盒取出茶，放入茶碗的匙子。

茶筅　点打茶汤，使茶和汤成水乳交融的竹制器具。

清水罐　用来补给釜中的水，或贮水洗濯茶碗、茶
筅的容器。

柄勺　用来舀水的长柄器具。

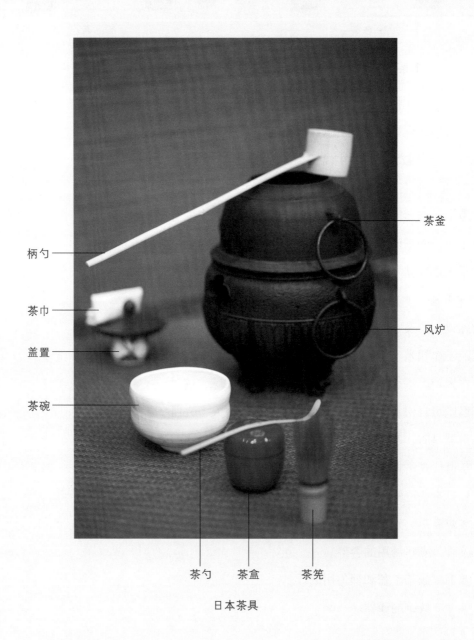

日本茶具

建水　盛洗濯茶碗、茶筅之废水的容器。

茶巾　用来清洁用具。

2. 日本茶道冲泡流程

（1）行礼。将茶碗茶盒放在右侧，在门外跪坐、行礼，之后起立，右脚先迈门坎走进茶室。

（2）摆具、洁具。将茶盒茶碗放在清水罐前，污水罐放在客人看不见的自己身体的左侧。将盖置从建水取出放在茶炉左侧，右手拿起茶碗放在自己的正前方。将茶盒拿起放在茶碗的前面，茶巾从腰上取下折好，用茶巾擦净茶盒茶勺。茶勺放在茶盒上，再从茶碗里取出茶筅，茶釜盖取下放在盖置上，茶巾从茶碗里取出放在茶釜盖上。用水勺舀茶釜里的热水倒进茶碗里，水勺放在茶釜口上。开始清洗茶筅，之后将茶筅拿出，茶碗里的水倒进建水里，用茶巾将茶碗擦干。

（3）沏茶。在沏茶前先对客人说："请用点心吧。"然后拿起茶勺在茶盒里取茶末两勺，置入碗中，用茶勺在茶碗口上轻磕一下，这个动作是为了将沾在茶勺上的茶粉磕干净。之后注入已烧开的水（约 100ml），左手扶碗，右手点茶，用茶筅快速均匀地上下搅拌成泡沫状，泡沫越厚越细为好，最后将茶筅放下。

①行礼

②洁具

③勺水

④洗茶筅

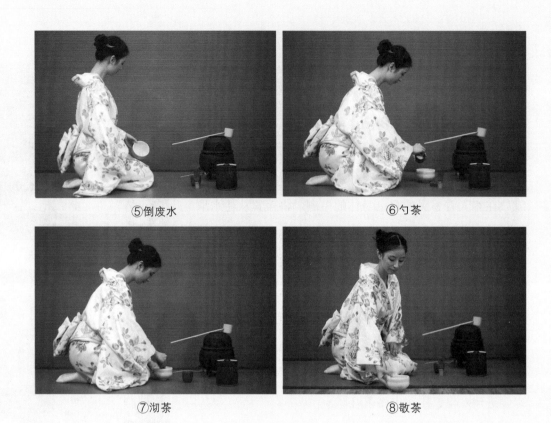

⑤倒废水　　　　　　　　　　⑥勺茶

⑦沏茶　　　　　　　　　　⑧敬茶

（4）敬茶。以左手掌内、右手五指持碗沿，轻轻将茶碗转两下，将碗上花纹图案对向客人，跪地后举茶齐眉，恭送至客人面前。客人接茶后，轻轻转上两圈，将碗上花纹图案对向献茶人，然后也须举碗至额，以示感谢。然后放下碗，又重新举起，这时就可以开始品味了。饮时要使茶汤在舌间滚动，吸啜有声，表示称誉，并说一些吉利话和客套话。一人饮后，传与下一人，最后将茶碗传回主人。

（三）韩国茶礼

韩国茶礼侧重于礼仪，强调茶的亲和、礼敬、欢快，把茶礼贯彻于各阶层之中，以茶作为团结全民族的力量。所以茶礼的整个过程，从环境、茶室陈设、书画、茶具造型与排列，到投茶、注茶、茶点、吃茶等，均有严格的规范与程序，力求给人以清静、悠闲、高雅、文明之感。

韩国的茶礼种类繁多、各具特色。如按茶类型区分，即有末茶法、饼茶法、钱茶法、叶茶法四种。下面介绍叶茶法。

1. 韩国茶礼所用茶具

风炉　煮熟汤用的炉子。

汤罐　煮熟汤用的容器。

清水罐　用来补给汤罐的水，或贮水洗茶具的容器。

水盂　盛洗茶具的废水容器。

水瓢　用来舀水的器具。

茶叶罐　放茶的器具。

茶匙　取茶的匙子。

韩国茶具

①迎宾

②叠泡茶巾

熟盂　装茶汤的碗。

侧把壶　冲泡茶叶的器具。

盖置　用来放壶盖。

茶杯　品茶杯。

泡茶巾　用来盖茶具。

茶巾　用来清洁用具。

杯托　用来摆放茶杯。

泡茶盘　用来放置泡茶用具。

奉茶盘　用来将泡好的茶放置在上面奉给宾客。

2.韩国茶礼冲泡流程

（1）迎宾。宾客光临，主人必先至大门口恭迎，并以"欢迎光临"、"请进"、"谢谢"等语句迎宾引路。而宾客必以年龄大小顺序随行。进茶室后，主人必立于东

③温具

④洗杯

⑤投茶

⑥泡茶

南向，向来宾再次表示欢迎后坐东面西，而客人则坐西面东。

（2）温具。沏茶前，先收拾、折叠好泡茶巾，将泡茶巾置泡茶盘的右侧，然后将汤罐中的开水倒进熟盂，温壶预热，再将侧把茶壶中的水分别平均注入茶杯，温杯后即弃之于水盂中。

（3）沏茶。主人打开壶盖，右手持茶匙，左手持茶叶罐，用茶匙捞出茶叶置壶中。并根据不同的季节，采用不同的投茶法。一般春秋季用中投法，夏季用上投法，冬季用下投法。投茶量为一杯茶投一匙茶叶。将茶壶中冲泡好的茶汤，按自右至左的顺序，分三次缓缓注入杯中，茶汤量以斟至杯中的六七分满为宜。

（4）奉茶。茶沏好后，将茶杯放在杯托上，依次放入奉茶盘。双手端奉茶盘，走向宾客。先向右侧第一位来宾奉茶，再向第二位来宾奉茶。

（5）品茗。恭敬地将茶奉至来宾后，再回到泡茶盘前捧起自己的茶杯，对宾客行注目礼，宾主一起举杯品饮。先观色闻香，然后小口啜饮。

（6）收具、洁具。品饮完毕后，收回茶杯，洗茶壶和茶杯并复位。最后将泡茶巾按规范展开后，盖到泡茶盘上。

⑦分茶

⑧奉茶

⑨品茗

⑩收具

知识目标
·认识茶席设计。
·熟悉茶席设计的基本构成要素。
·掌握茶席设计的原则。

能力目标
·能够运用茶席设计的原则设计茶席。
·进行茶席设计动态演示。

推荐阅读
·乔木森:《茶席设计》,上海文化出版社,2005。
·池宗宪:《茶席》,生活·读书·新知三联书店,2010。
·古武南:《茶21席》,安徽人民出版社,2013。
·王迎新:《吃茶一水间》,山东画报出版社,2013。

茶席设计

第 六 章

第一节　茶席设计概述

一、"茶席"的由来

中国古代无"茶席"一词，茶席是从酒席、筵席、宴席转化而来的。

"席，指用芦苇、竹篾、蒲草等编成的坐卧垫具。"（《中国汉字大辞典》）有竹席、草席、苇席、篾席、芦席等，可卷而收起，如"我心匪席，不可卷也"（《诗经·邶风·柏舟》）、"席卷天下"（贾谊《过秦论》）。引申为座位、席位、坐席，如"君赐食，必正席，先尝之"（《论语·乡党》）。后来又引申为酒席、宴席，是指请客或聚会酒水和桌上的菜。唐代虽然有茶会、茶宴，但在中国古籍中未见"茶席"一词。

"茶席"一词在日本和韩国茶事中经常出现，除了指为喝茶或喝饮料而摆的席外，有时也兼指茶室、茶屋，并有"茶席"配图。

在中国，当代文献中对茶席的定义有：

"茶席，是泡茶、喝茶的地方。包括泡茶的操作场

所、客人的坐席以及所需气氛的环境布置。"①

"茶席是沏茶、饮茶的场所，包括沏茶者的操作场所，茶道活动的必需空间、奉茶处所、宾客的坐席、修饰与雅化环境氛围的设计与布置等，是茶道中文人雅艺的重要内容之一。"②

所以说，茶席是茶艺表现的场所。狭义的单指习茶、饮茶的桌席。广义的还包含茶席所在的房间，甚至包括外面的庭院。"茶席"一词在中国，特别是台湾地区，近年来出现频繁，多指一些和茶相关的活动。如主题茶会，给茶人们提供展现自我梦想的舞台。

二、茶席设计的概念

"茶席设计与布置包括茶室内的茶座、室外茶会的活动茶席、表演型的沏茶台（案）等。"③

"所谓茶席设计，就是指以茶为灵魂，以茶具为主体，在特定的空间形态中，与其他的艺术形式相结合，所共同完成的一个有独立主题的茶道艺术组合整体。"④

茶席设计就是以茶具为主材，以铺垫等器物为辅材，并与插花等艺术相结合，从而布置出具有一定意义或功能的茶席。茶席设计也是茶艺美感的直观映象，具备了装饰设计的某些形式特征，如单纯化、平面化的造型方式和秩序化的构图特征，同时这些艺术构图能充分体现茶艺的内涵，如自然、清净、雅致、优美、和谐、圆融、恭敬等。将茶席看成一种装置，传达摆设茶席的茶人的一种想法，一种自我思绪，象征一种审美的合理

竹韵

① 童启庆主编：《影像中国茶道》，杭州，浙江摄影出版社，2002。

②③ 周文棠：《茶道》，杭州，浙江大学出版社，2003。

④ 乔木森：《茶席设计》，上海，上海文化出版社，2005。

红泥小壶

晚香

白毫银针

性，传递一种正能量。茶席中的茶与器处于对称性的支配，茶人对茶器倾心投入，茶席给予人的亲切就不只是单单为了喝茶。

第二节　茶席设计的基本构成因素

茶席的氛围要体现茶道精神。没有比用"和"字来形容茶席氛围更合适的了。具体表现在：人与人间要平等、尊敬、和睦、和气；人与器物要恭敬、用心、和谐、和美；人与自然要协调、统一、和平、相亲相生。因此品茶时讲究茶叶要顺茶性、发真味，茶具要自然，环境要洁净，人要谦和、心静，音乐要清柔、宁静，挂幅要静谧、虚空，点香要烟细、香幽，言语要恭敬、轻语。无论是身处室内还是室外，一出好的茶席设计都应让莅临者的心顿生静意、敬意，内心欢喜、意态满足。

茶席设计运用的材料、技法非常广泛多样，它包含所有的泡茶用具、摆放技法以及装饰工艺材料、工艺手段。因此，茶席设计可以是室内茶艺布局、室外的借景布置；也可以是实用性泡茶茶具摆放、观赏性的茶艺小景布置；还可以有挂画、点香、插花、播乐等艺术渲染手法，以及山边、水涧、朝阳、静月、树影、花容等艺术通感方式等，或者是多种材料、技法的综合运用。

茶席设计的基本构成因素有以下几点。

一、茶品

茶席贯穿茶、人、茶器，这三者各具精神，聚集形成最佳的诠释。茶是茶席设计的思想基础，也因有茶，而有茶席设计。茶，既是茶席设计的源头，又是目标。

每种茶都是美丽的，品种多样化，不同制法所呈现的色、香、味、形等样样不同。色彩绚丽夺目，香型、滋味丰富各异，如绿茶、红茶、黄茶、白茶、黑茶等；茶的形状千姿百态，有扁平、卷曲、剑形、圆形等，未饮先迷人；茶的名称，诗情画意，如妃子笑、庐山云雾、凤凰单枞、九曲红梅……很多茶席设计作品都是直接因茶名而发起设计的，如"龙井问茶"等。

安吉白茶

二、茶器

茶器是茶席设计的基础，也是茶席构成因素的主体。因此，茶席上所选器具，对质感、造型、温度、体积、色彩、内涵、实用性等方面都有较为严格的要求。茶与器的结合，让茶的思想延伸，这其中都蕴涵着茶人的一种精神。

茶席上的茶器可分为以下几部分。

铁罗汉

（一）主茶器

用以泡茶的各式冲泡器，如茶壶、茶碗或冲泡杯，以及搭配的茶海、公道杯、茶船、壶垫、壶承（盖置）、茶杯、杯托、奉茶盘等。

（二）辅茶器

用以方便泡茶的辅助性茶具，如茶针、茶荷、茶夹、茶巾、渣匙等。

侧把壶

茶则、茶针

（三）备水器

用以准备泡茶用水与弃置茶渣、茶水的茶器或设备，如煮水器（红泥炉、电炉等）、铁壶、银壶、水盂、水勺等。

（四）置茶器

用以存放茶叶或茶粉的器具，如茶罐、茶瓮等。

茶器组合既可按传统样式配置，也可进行创意配置；既可基本配置，也可齐全配置。其中，创意配置、基本配置、齐全配置在个件选择上随意性、变化性较大。

日本老铁壶

各类茶叶罐

三、铺垫

茶席铺垫作为奠定茶具中心位置的铺垫物，是用来塑造主题氛围、营造品茗环境风格的，在泡茶、喝茶过程中起着非常大的作用，它以视觉感来影响人们看待泡茶者的茶法演示。

茶席铺垫以不铺整桌为原则，以点缀为主。一方面，它可起烘托的作用；另一方面，它可保持茶具的清洁及预防茶具的敲击而受损。

铺垫一般分为自然物品铺垫和人工产品铺垫。自然物品包括树桩、叶片、花草、石头、竹段等天然材料；人工产品包括布料、纸张、书法作品、绘画作品等经人为加工的产品材料。铺垫主要为茶而服务，原料要自然质朴，色调要素雅洁净，不能过于花哨，不能喧宾夺主，要贴题，能起到衬托、渲染的效果，以自身的特征来辅助器物共同完成茶席设计的主题。

各类茶席铺垫

铺垫的类型有：棉纸、棉布、麻布、化纤、蜡染、印花、毛织、织锦、绸缎、手工编织、竹编、草秆编、树叶类、纸类、石类、瓷砖类等，不同质地的铺垫，能够体现不同的地域文化特征。另外，茶席铺垫最好不要选择太滑的材质，否则很容易将茶具滑倒或打破。

铺垫的形状一般分为：正方形、长方形、三角形、圆形、椭圆形、几何形和不规则形。茶席巾的长度不可过长，拖到地上容易绊脚。不同形状的铺垫，不仅能表现不同的图案以及图案所形成的层次感，更重要的是，这些多变的形状还会给人以不同的想象空间，启发人们进一步理解茶席设计的整体构思。

铺垫的色彩原则是：单色为上，碎花次之，繁花为下。色彩和花式是表达感情的重要手段，不同色彩和花式的铺垫，会不知不觉地影响人们的精神、情绪和行为。其中单色最能适应器物的色彩变化。

叠铺

铺垫的方法有：平铺、对角铺、三角铺、叠铺、立体铺和帘下铺等。铺垫的方法是获得理想铺垫效果的关键所在。不同方法的铺垫，除在质地、形状、色彩上产生不同效果之外，又增加了可变化的内容，使铺垫的语言更丰富。

花乱开　　　　　　　　　　　金钱草

文竹

四、插花

插花是以植物的根、茎、叶、花、果为素材，经过一定的技术（修剪、整枝、弯曲等）和艺术（构思、造型设色等）加工，完成花卉的再造形象的一门艺术。插花的目的是让素材重新配置成一件精致美丽、富有诗情画意、能再现大自然美和生活美的花卉艺术品或具有生命力的装饰品。

茶席插花首先要突出主题，在花材选择上力求简洁、典雅，避免过多花色影响茶会和品茶的氛围，要做到亲近自然，表现自然美。

（一）茶席插花的分类

按作品的造型可分为：直立式、倾斜式、下垂式、并列式。

按使用的容器可分为：竹的、木的、草编的、藤编的、陶瓷的、玻璃的等。

按作品风格可分为：传统式（包括球形、三角形等）和自由式。

（二）插花作品的结构

插花作品主要由线材、主花、副花、衬叶和其他辅助材料等几部分构成，根据表现的主题和材料的特性可自由选择。

线材　构成作品的外形框架。形态上多为条索状植物材料，常选取各种植物枝条、藤条、花穗、果枝等，如腊梅枝、松枝、竹枝、六月雪、鹤望兰、绿萝藤、马蹄莲、狗尾草等。

主花　位于作品的视觉中心，和线材相互协调，多为显目的花卉，如百合花、山茶花、兰花、荷花、月季等。

副花　是对作品较空虚的位置起到补充的效果，一般位于主花的外沿。花朵大小和色调要和主花协调，但较主花为弱，如小菊、茉莉等。

叶材　位于作品下方，常采用各种较为大型的叶材，如龟背叶、枇杷叶、万年青等。

其他辅助材料　对作品的韵味起到特定辅助效果，如枯木、根材、石材、树皮、青苔等。

（三）时令花

茶席插花中时节表现比较普遍。一年四季，每个季节、每个月份都有典型的花卉来表现。

一月　梅花、雏菊、金橘、美人蕉、剑兰；

二月　杏花、樱桃花、金鱼草、香石竹、海芋、紫云英；

三月　桃花、百合、杜鹃花、蒲公英、海棠、紫藤、苹果花；

四月　牡丹、芍药、郁金香、蔷薇、虞美人、万寿菊；

五月　石榴花、柿子花、茉莉、栀子花、石柱、豆蔻花；

六月　荷花、牵牛花、仙人掌、百日草、矢车菊、虎尾；

梅花

荷花

菊花

水仙

七月　凤仙花、鸡冠花、夹竹桃、夜来香、桔梗、一串红；

八月　桂花、紫薇、紫苑、凌霄花；

九月　菊花、芦苇花、金盏菊；

十月　芙蓉花、天竺；

十一月　山茶花、寒菊；

十二月　腊梅花、水仙。

五、焚香

我国焚香习俗源远流长。最初的焚香是古人为了驱逐蚊虫、祛除生活环境中的浊气，将一些带有特殊气味和芳香气味的植物放在火中烟熏火燎。魏晋南北朝时，士人对焚香有着不同程度的重视，焚香便从一般的生理需求迅速与精神需求结合在一起，成了精神追求的一种手段。焚香习俗在我国延续了几千年经久不衰，给无数的焚香者带来嗅觉上的美好享受。

焚香与茶文化结合，闻香品茗自古就是文人雅集不可或缺的内容，明代万历年间的名士徐㶿在《茗谭》中讲道："焚香雅有逸韵，若无茗茶浮碗，终少一番胜缘。是故茶香量相为用，缺一不可。"香气可以协助营造茶室的气氛，也可以让人们更快进入茶空间给予的宁静馨香感受。

香料的种类繁多，茶席中所使用的香料一般以自然香料为主。自然香料，注重从自然植物中进行香料的选择。因为自然界中具有香成分的植物十分广泛，采集也比较容易。

茶席中的自然香料有：檀香、沉香、龙脑香、紫藤香、丁香、石蜜、木香、甘松香。

茶席中的香品样式有：柱香、线香、盘香、条香。

香炉是最常见的香具，是燃香最常用的器具。其外形各式各样，如博山炉、筒式炉、莲花炉、宣德炉等。材质多为陶瓷或铜、铝等金属，也有石、木等材料。常见的香炉种类有：香斗、香筒、卧炉、薰球、香插、香盘。

茶席中的香炉摆置原则：不夺香、不抢风、不挡眼。

莲香

香材

沉香

薰球

宣德炉

六、挂画

至宋朝，点茶、挂画、插花与焚香，被作为"四艺"出现并应用在日常的生活中。

挂画，在茶席中是指将书法、绘画等作品，挂于泡茶席或茶屋的墙上、屏风上，或悬挂于空中的一种行为。挂画可以增进人们对艺术的理解，在品茗环境里，可以帮助茶人渲染氛围及营造自己想要的境界。

挂吊的作品，可以是字，也可以是画，一般以字为多，也可字、画结合。我国历来就有字、画合一的艺术传统，字的内容多用来表达某种人生境界、人生态度和人生情趣，以乐生的观念来看待茶事，表现茶事。例如，把历代文士对于品茗意境、品茗感受所写的感言，用挂轴、单条、屏条、扇面等方式陈设于茶席之后作背景。

茶语一心

在茶席挂画中的内容，不论是书法、画，还是中式、西式，都不宜多，主题要突出。所挂的画一定要与茶席相协调，整体的风格与美感要一致。

在茶席挂画，提倡"自己写、自己画、自己裱"。

《荷》（作者：何继）

七、相关配件

茶席里相关配件的范围很广，它可以是工艺品，也可以是自制的手工品，

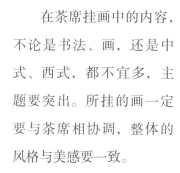

拈花悟旨

但不论是哪类物品，在茶席中都要跟主器具巧妙配合，互相呼应，不仅能有效地陪衬及烘托茶席的主题，还能对茶席的主题起到深化作用，从而获得意想不到的艺术效果。

茶席里相关配件的种类包括：珍玉奇石、穿戴、首饰、文具、玩具、体育用品、生活用品、乐器、民间艺术品、演艺用品、宗教法器、农业用具、木工用具、纺织用具、铁匠用具、古代兵器、文玩古董等，只要能表现茶席的主题，都可使用。

相关配件选择和陈设的原则是：与主器物相呼应，多而不掩器，小而看得清。

八、茶点

茶点是指精心制作的佐以饮茶的各种茶果和茶食的统称。在茶席中，茶点的品种多样，讲究份量少质量好、体积小外观美。

（一）茶点的搭配原则

应根据茶席中不同的茶品和茶席表现的主题、节气、对象来配制。对不同茶品的配制，台湾的范增平先生主张"甜配绿，酸配红，瓜子配乌龙"。

（二）茶点的种类

（1）干点类：葡萄干、葵瓜子、开心果、花生、姜片、杏仁、松子、薯条、芝麻糖、贡糖、软糖、酥糖等。

（2）鲜果类：龙眼、葡萄、哈密瓜、橙、苹果、菠萝、猕猴桃、西瓜等。

（3）西式点心类：蛋糕、曲奇饼、凤梨酥、蛋挞等。

老秤

小竹头

各类茶点

（4）中式点心类：花生糖包子、粽子、汤圆、豆腐干、茶叶蛋、笋干、各式卤品等。

茶点种类品种多，要根据饮茶的种类和个人的喜好来选择。但应该注意茶点为佐茶之用，不宜选择过于油腻、辛辣的食品，以避免影响品茶。

关于盛装茶点器具的选择，干点宜用碟，湿点宜用碗，干果宜用篓，鲜果宜用盘，茶食宜用盏。同时，在盛器的质地、形状、色彩上，还要与茶席的主器物相吻合。

九、音乐

音乐是一种声音的符号。它是由物质所产生的震动，包括人的生理震动和心理震动，以表达人的思想。从效果上讲，它可以带给人美的享受和表达人的情感。

音乐在茶席布置中至关重要。茶席设计无论作为静态的展示还是动态的演示，都是为了传递一种文化的感受，所以有效地调动音乐的作用，可以更直接更迅速地为观众解读。不同节奏、不同旋律、不同音量的音乐对人体有不同的影响，快节奏大音量的音乐使人兴奋，慢节奏小音量的音乐使人放松，柔美的音乐可对人产生镇静、降压、愉悦、安全的效果。

在茶席演示中，音乐主要用于两个方面。

（一）背景音乐

背景音乐最适合以慢拍、舒缓、轻柔的乐曲为主，其音量的控制非常重要。音量过高，显得喧嚣，令人心烦，会引起客人的反感；音量过低，则起不到营造气氛的作用。经典音乐有：《高山流水》、《渔舟唱晚》、《秋水悠悠》、《平沙落雁》、《喜迎春》、《春江花月夜》等。

（二）主题音乐

主题音乐是专用于配合茶艺表演的，可以是乐曲也可以是歌曲。同一主题音乐还应当注意演奏时所使用的乐器，例如佛教茶艺宜选铜铃、木鱼、道教茶艺宜选二胡和笛、维吾尔族茶艺宜选热瓦普、云南茶艺宜选葫芦丝等。

十、背景

茶席的背景，是指为获得某种视觉效果，设定在茶席之后的背景物。自古以来人们都非常重视背景作用。茶席的价值是通过观众审美而体现的。因此，视觉空间的相对集中和视觉距离的相对稳定显得特别重要。茶席

禅寂

背景的设定，就是使观赏者准确获得茶席主题的有效方式之一。背景还起着视觉上的阻隔作用，使人在心理上获得某种程度的安全感。

　　茶席的背景形式，有室外和室内两种。

　　（1）室外现成背景形式：以树木、竹子、假山、街头屋前等为背景。

　　（2）室内现成背景形式：以舞台、会议室主席台、窗、廊口、房柱、装饰墙面、玄关、博古架等作背景。除现成背景条件外，还可在室内创造背景。例如，室外背景室内化的利用、织品的利用、席编的利用、灯光的利用、书画的利用、纸伞的利用、屏风的利用和特别物品的利用。

如意

第三节　茶席设计的技巧

　　茶席只是一种符号，要符合泡茶逻辑，这个逻辑包含对茶的解读。茶席其实也是一种对话，人与茶、人与器、茶与器、人与人之间的对话。多种话语叠加，传递的是一个共同的语言。因此，技巧的掌握和运用，在茶席设计中显得非常重要。

一、茶席设计的基本规律

　　茶席设计的基本规律是归纳化、主题化和意境化。所谓归纳化，是指把纷乱的茶艺道具和不同的茶艺形式加以调整、归纳，变为一种有规律的秩序和节奏，使器物构图形成统一的感觉。主题化是指茶艺布景、构图

茶中物物皆美

潮汕工夫茶

时，各种材料的使用、艺术手法的借用都要围绕一个共同主题，意图鲜明、主旨明确。意境化是指进行茶席设计时，采用艺术的渲染手法，使整个茶艺布景呈现出一种诗歌般的意境美感，充分体现设计者的审美水平、艺术格调和思想感情。

绿韵

茶席设计从道具、布局、动作、语言，到氛围、意境，都体现美感。茶席设计要追求形式美、主题美、氛围美和意境美，使人能感受到茶艺的美，从而产生追求、向往和崇高之心。

二、茶席设计的特点

茶席设计有别于现实生活实用性的泡茶，它主要有以下四个特点。

（一）茶席设计是理想化的构图

这种构图不必受自然景象、时间、空间条件的限制，也不必受实用性泡茶的约束，可以充分发挥作者的主观能动性，可以是历史题材的再现，也可以是个人情操的展示，还可以把黑夜、白天、古代、现代、古朴、精致在一幅作品中尽情表现。茶席构图能够从理想的角度去尽情发挥想象力，从而构成超越自然、具有浓重浪漫色彩的理想构图。

（二）茶席设计是规律化、秩序化的构图

这种构图强调布局的严谨、周密，要求有规律、有秩序地安排各种道具，它具有程式化的美感、强烈的节奏感和韵律感。

（三）茶席设计是主题鲜明的构图

茶席设计的构图是围绕茶而展开的。它所使用的道具及艺术的表现形式都充分体现茶艺的美感，思路看似随意，道具仿佛可信手拈来，但时刻都要为茶服务。离开了茶艺精神的茶席设计是没有灵魂的，只是单纯的没有生命的器物展示而已。

黑龙珠

黑龙珠茶席

三、茶席设计的要点

（一）构思要先行

在设计之前，先进行构思，等到灵感到来即可进行创作。要做到"意在笔先"、"胸有成竹"。一出茶席构图的成败往往取决于构思，通过巧妙、新颖的构思，能恰如其分地表达出主题思想，使整个画面有浑然一体、一气呵成的气势。

（二）布局要严谨、周密

在设计好器物的构图形式之后，周密地安排好主次器物的位置，构图中一切线、形、色的配置都必须服从整个构图的布局和态势，这样才能使整个构图形成一股气韵贯穿其中。

（三）构图上要突出主体形象

主体形象放置在构图的视觉中心，通过放大形体、垫高位置或色调反差等形式映衬出来，次要形象的处理要相对弱些，但不论主体或次要形象，都必须结构清晰、外形完整。

（四）构图上要体现茶艺美感

构图时通过器物形态大、中、小的差别，空间位置的疏密度及色彩明度、纯度的变化来体现层次感，使构图丰富、美观、耐人寻味。

四、茶席设计的结构方式

根据目前常见的茶席设计，茶具构图有叙事式、格

晚秋的乡愁

律式、散文式三种形式。

（一）叙事式构图

类似于文章的叙事手法，用说故事的方式来摆放茶具，使人在观赏茶具的同时，体味到历史的片段、人事的无常、生活的变迁，从而产生缅怀、向往之情或苍凉、无常之感。

（二）格律式构图

类似格律诗的形式。由于受到空间、装饰对象形状及器物外轮廓的限制，茶席设计的构图必须随之变化，以适应空间的大小，器物造型的方、圆、长、扁。具体可分为诗式格律和词式格律。

诗式格律茶具构图风格规矩性强，韵律严谨，类似文学中诗歌的格律。茶具摆布时要注意形象感觉的统一、形象之间的呼应及虚实变化。摆放的方式有基本架线，如轴心线、对角线、平行线等，由这些基本线交叉、转折、集中、旋转，又可以变化成多种多样的架构，使茶具之间产生出丰富多彩、格律严格的构图。画面以中心轴线为对称轴，设计时先在一个区域内组织好形态，再移向其他区域，可以同形同量，也可以同量不同形，为了突出某一部分，可以加强形态特征的变化，但从整体上看，上下左右仍然应该注意感觉协调一致。

词式格律要求没那么严格，如填词般，只须先确定外轮廓的形状，然后根据疏密的原则，用所构思的形态填满确定的外形，形态之间要疏密得体、纵横有序、松驰适度，做到丰富而不拥塞、简洁而不空旷、疏朗而有意境。

（三）散文式构图

这种构图类似散文的形式，"形散而神不散"。它是指在不违背茶艺精神的前提下，茶具摆放时较为随意，

两岸同心

构图上不拘泥于形式，不必约束在一定的范围内，而是可以自由跨越分割线的存在，把各种茶具自由组合、摆布而成。这种构图完全取决于设计者的意念，充分发挥设计者的想象力，显得自由浪漫、意境洒脱。

五、茶席设计的表现形式

茶席作为一种艺术形态，为了创造品茶环境的幽雅意境，满足茶饮情境的需要，不一定要中国传统式的风格，也可以用现代感的方式表现，甚至可以用超现实主义的风格，只要达成所设定的茶席风格及艺术层次即可。凡与茶有关的，只要题材积极、健康，有助于人的道德、情操的培养，并能给人以美的享受，都可在茶席之中得以反映。

茶席常见的有如下几大类。

（一）生活待客型茶席

生活待客型茶席是现代茶艺馆中最常用的茶席，适用于政府机关、企事业单位以及普通家庭。这种类型的茶席不宜夸张，宜简洁、整齐、大方，让客人看后产生亲切、自然的感觉。

（二）企业营销型茶席

企业营销型茶席是指通过茶席来促销茶叶、茶具等商品。营销本身也是一门艺术，营销型茶席是最受茶庄、茶厂、茶叶专卖店欢迎的一种茶席。这种类型的茶席不注重用一整套格式化的程序来展示，而是结合茶叶市场学理论和消费心理学来充分展示，意在激发客人的购买欲望，最终达到促销的目的。

生活待客型茶席

企业营销型茶席

茶文化活动

（三）舞台表演型茶席

舞台表演型茶席是指由一个或几个茶艺师在舞台上演示茶艺所设计的茶席，供众多观众在台下欣赏。舞台表演型茶席适用于茶艺比赛及大型聚会上。舞台表演型茶席可以借助舞台美术的一切手段去提高艺术感染力，灯光和布景也应当根据表演的内容进行设计。

（四）自然环境型茶席

把茶席融于自然之中，一边品茗，一边悠闲地观赏环境的优美，若还有琴、箫奏乐，更是悠闲自得，使人心情放松、心态平静。面对伟大而又美妙的大自然，人们不由自主地起崇拜、喜爱之心，在自然环境中与大自然进行心灵对话，这就是人将自然的景物融入茶席中的情结。

自古以来，几乎所有表现品茶内容的图画，都将茶席置于幽雅的自然环境中，如山西省大同市西郊宋家庄元代冯道真墓室东壁南端的壁画《童子侍茶图》：室外几株新竹前，一块硕大的假山石后，茶席设置于此；离离散红的桃花掩映于旁，摆放有致的茶器展现在茶席上，洁净的茶碗叠扣整齐，瓷质茶仓上贴着"茶末"的字条；精致的茶食盘上，摆放着茶果、茶点，对称地放在茶仓的两侧，茶笼、茶则、茶盏、茶炉、茶釜等配置齐全，是一个较完整的错落有致的茶席设计。

自然环境型茶席

（五）民族民俗型茶席

我国是一个 56 个民族相依共存的民族大家庭，各民族对茶虽有共同的爱好，但却各有

客家擂茶

禅茶茶席

不同的饮茶习俗。就是汉族内部也是千里不同风,百里
不同俗。在长期的茶事实践中,不少地方的老百姓都创
造出了具有独特风格的民俗茶艺。如藏族的酥油茶、蒙
古族的奶茶、白族的三道茶、畲族的宝塔茶、布朗族的
酸茶、土家族的擂茶、维吾尔族的香茶、纳西族的"龙
虎斗"、苗族的油茶、回族的罐罐茶以及傣族和拉祜族
的竹筒香茶等。各民俗茶席的特点是表现形式多姿多
彩,清饮混饮不拘一格,民族特色分明。

(六)宗教茶礼型茶席

我国目前流传较广的有禅茶茶礼、观音茶礼、太极
茶艺等。宗教茶礼型茶席的特点是特别讲究用具,茶具
古朴典雅,气氛庄严肃穆,强调修身养性或以茶喻道。

第四节 茶席设计文案

文案就是以文字来表现已经制定的创意策略,对事
物的因果变化过程或某一具体事物进行客观的反映。

茶席设计文案有自己特定的表达方式。一方面,它

表述的对象是艺术作品，在表述中，必然要对作品的创作过程及内容作主观的阐述。另一方面，表达的对象是以具体的物态结构为特征的艺术形式，光以文字的手段不能清楚地表达完整，还需以图示的手段加以说明。因此，文案的表述需以图文结合的形式来作综合的反映。所以，茶席设计文案，是以图文结合的手段，对具体茶席设计作品进行主观反映的一种表达方式。

一、茶席设计文案的内容

茶席设计文案由以下的内容构成：标题、主题阐述、器物选择及用意、结构说明、结构图示、茶品选择及冲泡方法、礼仪用语、作者署名及日期、文案字数。

（1）标题：概括设计方案内容，要新颖独特，吸引观众。

（2）主题阐述：或称"设计理念"，应详细地阐述该设计的主题，具有概括性和准确性。

（3）器物选择及用意：对器物的选择与用意表达清楚，起到说明作用。

（4）结构说明：对茶席由哪些器物组成、如何摆置、构图意图等加以说明。

（5）结构图示：可用实景相片或用线条画勾勒出茶席效果图并加以说明。

（6）茶品选择及冲泡方法：对用什么茶、为什么要这种茶、用什么方法来冲泡这种茶、冲泡的过程要注意的事项等罗列清楚。

（7）礼仪用语：接待礼仪和饮茶礼仪时使用的语言。

（8）作者署名及日期：在正文结束的尾行右部署上设计者的姓名及文案写作的日期。

老竹茶叶罐

（9）文案字数：全文的字数一般控制在800～1 000字。

二、茶席设计文案的格式

茶席设计文案的具体格式如下：

（1）标题：上下空一行、三号、宋体、加粗、居中；

（2）正文：每段首行空两格、四号、宋体、行距1.5倍。

（3）表述人：正文结束后在右下角落款，如×××（学号）；

（4）日期：落款下另起一行右下角，如××××年×月×日。

对茶席设计的考核可参见表6—1所示的各项评分内容。

表6—1　　　　　　　　　　　　茶席设计考核表

序号	考核内容	评分标准	总分	扣分	总得分
1	茶品	茶品的色、形、味是否与主题相呼应	10		
2	茶器	茶器的质地、造型、色彩、大小及功能是否实用并富有艺术性，是否与茶叶搭配	10		
3	挂画和背景	与主题、茶品、茶器是否呼应，有无增加艺术效果	10		
4	铺垫	铺垫所用的质地、款式、大小、形状及花纹能否和茶器、茶品相搭配	10		
5	插花	花器形状与花材的搭配、摆放的位置能否与茶席相呼应	10		

续前表

序号	考核内容	评分标准	总分	扣分	总得分
6	焚香	香品与香具选择是否适宜,是否丰富了茶席内涵	10		
7	相关工艺品	工艺品与茶席主器是否搭配,有无增加茶席艺术感	10		
8	茶点茶果	与茶品及主题是否相宜,制作及样式是否精致	5		
9	音乐	是否有助于欣赏及体会茶席意境	5		
10	文案编写	格式是否符合要求,表达是否清晰,文字是否简练	10		
11	茶席展示	动作、服饰、语言、音乐等是否协调,是否将茶席主题及茶品的特性充分展示出来	10		
合计			100		

课程学习指导

附 录

一、课程学习内容要求

1. 茶艺从业者的职业道德；

2. 中国用茶的源流；

3. 茶文化基本知识；

4. 茶叶基本知识；

5. 茶艺基本知识；

6. 茶具基本知识；

7. 茶叶营养卫生知识；

8. 科学饮茶知识；

9. 服务礼仪中的语言表达及接待艺术；

10. 茶席设计的基本知识；

11. 绿茶茶艺；

12. 花茶茶艺；

13. 乌龙茶茶艺（潮汕工夫茶茶艺、台式工夫茶茶艺）；

14. 少数民族茶艺。

二、课程考核要求

本课程成绩由平时成绩和期末成绩组成。平时成绩占 30 分，其中 15 分由任课教师主要参考学生的出勤情况及课内实践情况给出；15 分由任课教师根据学生填写的 1 次《实践学习日志》（见附表 1）和 3 次课内外作业（见附表 2、附表 3）给出。期末成绩占 70 分，由任课老师根据期末的理论考试及实操考试给出。具体细则如下：

1. 学生出勤将严格按照学校相关规定进行管理，出勤率不能达到 2/3 以上的将不能获得本课程成绩。

2. 学生应在实践课后填写《实践学习日志》。

3. 完成每一单元任课老师给出的课内或课外作业，每学期 3 次作业。

4. 期末考试分成理论考试及实操考试两部分，每部分各占期末考试成绩的 50%。

附表 1   **实践学习日志**

时间		地点	
内容包括实践学习内容、指导教师指导情况、心得体会等。			

学校指导教师 （管理员审阅意见）	实习单位指导教师审阅意见 （外出实习填写本栏目）
年　月　日	指导教师（签名） 年　月　日

附表 2　　　　　　　　　　　　　　　茶叶审评表

茶类	外形		汤色		香气		滋味		叶底		总分
	评语	分数	评语	分数	评语	分数	评语	分数	评语	分数	
总评											

检评：　　　年　月　日

（如需另行附页请自行粘贴至本页）

附表3   茶席设计考核表

序号	考核内容	评分标准	总分	扣分	总得分
1	茶品	茶品的色形、味是否与主题相呼应	10		
2	茶器	茶器的质地、造型、色彩、大小及功能是否实用并富有艺术性；是否与茶叶搭配	10		
3	挂画和背景	与主题、茶品、茶器是否呼应，有没有增加艺术效果	10		
4	铺垫	铺垫所用的质地、款式、大小、形状及花纹能否和茶器、茶品相搭配	10		
5	插花	花器形状与花材的及摆放的位置能否与茶席相呼应	10		
6	焚香	香品与香具选择是否适宜，是否丰富了茶席内涵	10		
7	相关工艺品	工艺品与茶席主器是否搭配，有没有增加茶席的艺术感	10		
8	茶点茶果	与茶品及主题是否相宜；制作及样式是否精致	5		
9	音乐	是否有助于欣赏及体会茶席意境	5		
10	文案编写	格式是否符合要求；表达是否清晰；文字是否简练	10		
11	茶席展示	动作、服饰、语言、音乐等是否协调，能否将茶席主题及茶品的特性充分展示出来	10		
	合　　计		100		

主要参考书目

1. 庄晚芳编著. 中国茶史散论. 北京：科学出版社，1988.

2. 黄志根主编. 中华茶文化. 杭州：浙江大学出版社，2000.

3.《品茶说茶》编辑委员会. 品茶说茶. 杭州：浙江人民美术出版社，1999.

4. 吕玫，詹皓编著. 茶叶地图——品茗之完全手册. 上海：上海远东出版社，2002.

5. 施兆鹏主编. 茶叶加工学. 北京：中国农业出版社，1997.

6. 刘祖生主编. 茶用香花栽培学. 北京：中国农业出版社，1993.

7. 朱自励. 茶语. 北京：华艺出版社，2004.

8. 朱自励编著. 饮茶与茶文化知识读本. 广州：广东旅游出版社，2008.

9. 陈栋，凌彩金，卓敏编著. 茶艺与茶叶审评实用技术. 广州：广东科技出版社，2008.

10. 郑春英主编. 茶艺概论（第二版）. 北京：高等教育出版社，2013.

11. 赵英立编著. 中国茶艺全程学习指南. 北京：化学工业出版社，2008.

12. 张凌云主编. 茶艺学. 北京：中国林业出版社，2011.

13. 乔木森. 茶席设计. 上海：上海文化出版社，2005.

14. ［日］黄安希. 乐饮四季茶. 北京：生活·读书·新知三联书店，2004.

15. 丁以寿. 中国饮茶法源流考. 农业考古，1999（2）.

16. 滕军. 日本茶道文化概论. 北京：东方出版社，1992.

17. 童启庆主编. 图释韩国茶道. 上海：上海文化出版社，2008.

18. 余光悦编著. 事茶淳俗. 上海：上海人民出版社，2008.

后 记

早在 5 000 年前，中国人已发现和使用茶叶，把茶叶用作药或羹饮。至汉朝，茶叶开始成为一种商品在市场上流通，饮茶也成为人们日常生活的一部分。到了唐代，出现了世界上第一本茶叶专著——陆羽的《茶经》，对茶叶的加工制作、品饮方式、饮用器具都有详细的记载和规定，饮茶成了一种文化，茶叶也成为国家重要的经济支柱。到了宋代，饮茶更为常见，无论是社会名流，还是平民百姓，都热衷于饮茶，中国的茶文化也传播到全世界，影响了世界茶文化的格局和发展。到了明清时期，中国茶叶品种全部出现，茶叶成为国家对外贸易的重要商品，茶文化亦更为深远地在世界各地得以传播。

中国茶文化是中华文化的精髓所在。一杯茶，与中国人生活有关，与礼节有关，与做人、做事有关。在儒家文化影响下，中国茶中有"和"、有"仁"、有"礼"、有"序"；在道家文化影响下，中国茶可怡养身心、清净无欲；在佛教文化影响下，中国茶可祭鬼神，可清心提神，茶禅一味。

作为新世纪的中国人，我们有义务去了解和学习中国茶的相关知识。据编者多年的教学和传播茶文化的经验，一本深入浅出、图文并茂、融知识性和实践性于一体的中国茶文化书籍是众多茶艺爱好者和入门者的必备。

本书从中国茶叶发展简史、茶叶的诞生（朱自励编写），茶叶的审评、茶艺及茶叶的冲泡（黄淦湖编写），茶艺流派及各国茶艺演示形式、茶席设计（王奕芬编写）等几个方面来介绍中国茶文化，并配制了茶艺表演的电子资源（可登陆 http://www.crup.com.cn 下载），务求适合大中专院校的在读学生、茶艺爱好者和从业者的需求。

茶现在已经是中国人生活的一部分，本书对中国茶文化进行了一个较为全面的介绍，给读者展示出一种生活化、同时也较为真实的中国茶文化历程。本书在编写过程中参考借鉴了不少前贤的资料和研究成果，也得到了广州城市学院国学院宋婕院长、清心茶艺社成员及钟国喜先生等的大力支持，谨此表示诚挚的谢意。

主 编
2014 年 1 月

图书在版编目（CIP）数据

茶艺理论与实践 / 朱自励主编 . —北京人民大学出版社，2014.1
国学教养教育丛书
ISBN 978-7-300-18633-7

Ⅰ.① 茶…　Ⅱ.① 朱…　Ⅲ.① 茶叶 – 文化 – 中国 – 教材高等职业教育 – 教材
Ⅳ.① TS971

中国版本图书馆 CIP 数据核字（2014）第 001472 号

"十二五" 职业教育国家规划立项教材
国学教养教育丛书
丛书主编　宋　婕
茶艺理论与实践
主　编　朱自励
Chayi Lilun yu Shijian

出版发行	中国人民大学出版社	
社　　址	北京中关村大街 31 号	邮政编码　100080
电　　话	010–62511242（总编室）	010–62511770（质管部）
	010–82501766（邮购部）	010–62514148（门市部）
	010–62515195（发行公司）	010–62515275（盗版举报）
网　　址	http:// www. crup. com. cn	
	http:// www. ttrnet. com（人大教研网）	
经　　销	新华书店	
印　　刷	北京昌联印刷有限公司	
规　　格	185 mm × 260 mm　16 开本	版　　次　2014 年 5 月第 1 版
印　　张	11.5	印　　次　2020 年 8 月第 5 次印刷
字　　数	172 000	定　　价　38.00 元